大美阅读·自然与人文系列

主　　编　王直华

策　　划　周雁翎

丛书主持　陈　静

·北京科普创作出版专项资金资助·

Polar Region Expedition

极地探险

柯 潜 编著

北京大学出版社

PEKING UNIVERSITY PRESS

图书在版编目（CIP）数据

极地探险 / 柯潜编著. —北京：北京大学出版社，2013.1
（大美阅读·自然与人文系列）
ISBN 978-7-301-20782-6

Ⅰ.①极… Ⅱ.①柯… Ⅲ.①极地－探险－普及读物 Ⅳ.①N816.6-49

中国版本图书馆 CIP 数据核字（2012）第 124514 号

书　　　　名：	极地探险
著作责任者：	柯　潜　编著
丛 书 策 划：	周雁翎
丛 书 主 持：	陈　静
责 任 编 辑：	陈　静
标 准 书 号：	ISBN 978-7-301-20782-6/N·0051
出 版 发 行：	北京大学出版社
地　　　　址：	北京市海淀区成府路 205 号　100871
网　　　　站：	http://www.pup.cn　新浪官方微博：@北京大学出版社
电 子 信 箱：	zyl@pup.pku.edu.cn
电　　　　话：	邮购部 62752015　发行部 62750672　编辑部 62767857　出版部 62754962
印 刷 者：	北京宏伟双华印刷有限公司
经 销 者：	新华书店

　　　　　　787 毫米 × 1092 毫米　16 开本　11.75 印张　150 千字
　　　　　　2013 年 1 月第 1 版　　2015 年 1 月第 2 次印刷

定　　　　价：39.00 元

1 奇特的极地

→ 地球的两端

→ 冰雪的世界

→ 永夜和永昼

北极 Petermann 冰川上
的裂缝（黄永明 摄）。

冰川表面的小河（黄永明 摄）。

近百年来，极地探险成了世界各国旅行家梦寐以求而为之奋斗的目标，同时也是科学家们乐于议论的热门话题之一。极地，以它的坚韧毅力，在冰雪的严酷摧残中俯视着人类，等待着人类，同时也考验着人类的意志。而人类也怀抱着永不消失和幻灭的热情，梦想去征服它，并为此付出巨大的牺牲。那么，极地到底是个什么样子呢？

地球的两端

古时候，人们根据感官的直觉，确立了"天圆地方"的概念。直到 15 世纪以后，古希腊天文学家托勒密的地圆学说才逐渐被人们接受。时至今日，恐怕再也没有人对此提出质疑了。

然而，地球到底圆得像什么？是正圆的，还是椭圆的？这倒是个值得一谈的问题。

我们通常所说的球是圆的，只是个笼统的说法。它既不是一个十分规则的圆球，也不是一个简单的椭圆形球体，而是一个一端微微凸起，另一端又稍稍凹陷的扁球体构造。如果将它缩微，与一只大梨的形状十分相似。

梨的底盘，即凹陷的一端是南极；梨的顶部，即凸起的一端是北极。

▲ 托勒密，古希腊天文学之集大成者。图中托勒密头上的王冠，是因为画家将天文学家托勒密和当时埃及统治者托勒密王朝弄混了。

南、北极点与南、北极是两个不同的概念。前者都是假想的地球自转轴同地球一面的两个交合点，交合点泛指极圈以内的广大地域。在南、北极点上，人们的前、后、左、右都是一个方向，南极点上为正北，北极点上为正南。

如果按照罗盘针指示的方向朝南或朝北走去，并不能到达南、北极点，

◀1657 年绘制
的南极地图。

但却能够交合在另一点上，这个点就是地球的磁南极点或磁北极点。磁极跟地理上的极点并不重合，而且磁极的位置是经常变动的，不会老在一个地方。

平时，我们所说的南极和北极，跟极点的差异还在于后者仅仅是地球学家定在地面上的一个地理点，而前者则是指的一大片地方，也就是人们常说的南极和北极，或称南极圈和北极圈。

地球的南极是陆地，而北极则是一个没有"洲"的海洋。有趣的是，南极的大陆和北极的海洋，面积大致相等。是偶合吗，或是还有别的什么原因，科学家至今还不能做出确切的解释。

冰雪的世界

南极和北极，都是冰雪肆虐的地区。那里，除了白茫茫一片雪野冰原外，似乎很难看到色彩缤纷的大千世界。

在南极大陆，鲜有生命繁衍和栖息的痕迹，只在很少不见冰雪的岩谷里，偶尔可以看到一星半点的苔藓、地衣等低等植物。即使是那里的"土著居民"——步履蹒跚的企鹅、笨拙愚蠢的海豹，以及终日盘旋在海空的燕鸥，也只能依靠海洋的恩赐，才能获得它们赖以果腹的食物。如果没有大海，它们便会失去生存的条件。

就其"身高"而言，如果站在其他大陆之间，南极可就是个"巨人"了。它平均高度达2300米，地球上再也没有比它更高的大陆了。然而，这却是一种虚假的现象，因为南极大陆上覆盖着的是厚厚的冰层。如果除去这层伪装，它的大陆岩床平均高度比海平面还要低160米。一旦冰层溶化，这块大陆有朝一日便会消失在大海的波浪中。不过，根据地壳均衡的原理，陆地可能上升600~700米。如果这样，南极就成了一块普通的大陆了。

人们对北极地区的认识曾有过一段曲折的经历。20世纪20年代以前，世界上还没有人把它说成一片冰封的海洋。饶有趣味的是，1920年，挪威有个名叫阿蒙森的探险家，曾专程乘飞机闯入北极的上空，将一面巨大的挪威国旗投到了北极中心，并满怀豪情地宣称自己代表挪威政府对这块土地行使主权。也就在同一年，不甘示弱的美国和意大利也以同样的方式，表明自己已经捷足先登。

后来，3国争夺北极主权的斗争愈演愈烈，便出笼了一个所谓3国共管的妥协方案。

然而，好梦不长，频繁的极

▲ 1911年阿蒙森带领的探险队在南极。

地探险活动，撩开了北极神秘的面纱。科学的权威是不容诋毁的，原来，北极的中心地区根本不是陆地，而是一个躲在冰层底下的大洋——北冰洋。

按照国际法规定：一切大洋都是公海，属于没有国籍的中立地带。

喧嚣一时的3国共管主张，成了一个令人喷饭的历史笑谈。

不过，北冰洋在亚欧大陆沿岸的边缘海区有着宽广的大陆架，在北极海域及挪威海格陵兰海的海底，延绵着一系列的海岭和海底丘陵，它们同海盆、海谷交错分布。

◀ 为纪念阿蒙森而发行的邮票。

◀◀ 罗尔德·阿蒙森（Amundsen, Roald 1872—1928），挪威极地探险家，第一个到达南极点的人。

如果以"陆封海，冰盖洋"这几个字来概括北冰洋的特点，那是再确切不过的了。

然而，北极并不像很多人想象的那样，仅是一块寒峭不毛之地。即使在北纬82°格陵兰北部，仍然长着90多种有花植物。除此以外，还有一些陆地上和海洋里的哺乳动物，以及鸟类在那里繁衍生息，总计有80多种。所以，北极的生物资源比南极要丰富得多。

永夜和永昼

在南极点上，人们根本没有昼和夜的概念。这里，一昼一夜不是24小时，而是整整的一年。也就是说，这里一年只有一天。每年当南半球春分到来时，太阳便从地平线上缓缓升起，此后就一直在低空停留，永不落山。直到半年以后，南半球的秋分到了，才蛮不情愿地从地平线上缓缓消失，黑夜将在这里统治长达半年之久的时间。

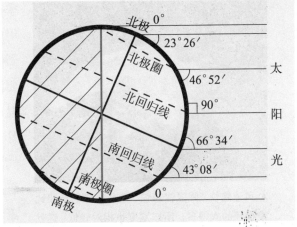

▲ 极昼和极夜这种特殊的自然现象，是地球沿着倾斜地轴自转所造成的结果。

由于永昼的原因，南极在夏天所接受的太阳辐射甚至超过了赤道地区。就全年而论，也与赤道地区不相上下。可是，由于冰川的强烈反射，大部分热能又回到大气层中，所以南极仍然是个冷冰的世界。这里的冬季长达 7 个多月。即使在滨海地区，平均气温也有 −20℃，内陆地区最低可达 −88℃。除此以外，旋风风暴可使整个高原冰雪茫茫。由于气候干燥，年降水量仅 50 毫米，所以南极大陆又有"白色沙漠"之称。

▲ 极夜景色。

北冰洋大部分地区位于北极圈以内，也有极昼和极夜之分。到了北纬 66°33′ 的地方，冬至（12 月 22 日前后）那天，太阳一整天不升起；夏至（6 月 22 日前后）那天，太阳一整天不落山。北极地区，由于冬

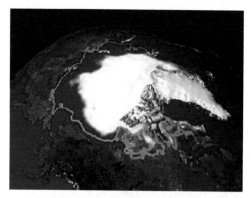

▲ 风速越快，降温就越快，在北冰洋的风要比南极洲的大得多，所以温度也相对较低，这就是北冰洋比南极洲要冷的原因。

季也有漫长的极夜，所以终年获得的太阳辐射很少，夏季又有强烈的辐射，加上海上冰层融化又要消耗大量热能，所以年平均气温较低，每年的 11 月至次年 4 月是冬季，绝大部分海域的平均气温为 −20℃ ~40℃。只有挪威海及巴伦支海，因受北大西洋暖流和冰岛低压附近温带气候的影响，平均气温可达 0℃ ~3℃。

所以，北极没有真正的夏季。即使在气温最高的时候，平均也只有 0℃ ~6℃。

北冰洋的上空，冬季是个稳定的高压区，以下沉气流为主。除少数地区外，风暴天气并不多见。然而，这里风速较大，能见度低，降水量较南极多，以飘雪为主要形式。

2 魂断威廉岛

冰川上形成的小水塘（黄永明 摄）。

北极落日（黄永明 摄）。

▲ 约翰·富兰克林（Sir John Franklin，1786—1847）。

人类在 2000 多年前就已到北极地区去探险。最早的记载可追溯到希腊人比典亚斯，他曾勇敢地航行到现今的冰岛和挪威北部的海面。公元 870 年，斯堪的纳维亚人奥塔尔，沿着科拉半岛航行，发现了白海。自此以后，不断有人到北极探险，付出了昂贵的代价，作出了巨大的牺牲。

英国富兰克林探险队的悄然失踪，在当时的英国乃至世界都引起了强烈的震动。悲剧发生后，在他的祖国立即兴起了一系列的救援和搜寻活动，然而，收效甚微。30 年后，人们终于找到了一个可信的答案。

初露头角

约翰·富兰克林，1786 年生于英国林肯郡一家杂货店老板的家里。年轻时不安本分，曾跟随弗林德斯的航船去过澳大利亚。后来参加了反对拿破仑一世的答拉法加海战。1818 年，31 岁的富兰克林以战功擢升为海军上尉，被任命为一艘探险船的指挥官，开往北极考察冰山。任职期间，他临危不惧、机智果敢的指挥艺术，受到了上级的赏识。

1819—1822 年间，他担任一支陆地探险队的领导人，考察了加拿大科珀曼河口到哈得逊湾北部的 2000 多千米海岸线。但他遭遇了一连串的厄运，不仅探险船触礁沉没，在陆地跋涉时，又

▲ 位于故乡 Spilsby 的富兰克林雕像。

受到了寒冻和饥饿的袭击。所过之处，不仅没有野兽猎取，就连青苔也很珍稀，皮革用品成了他们的食物。在 2 个多月的行程中，探险队有 18 人丧命。其中 2 人是被击毙的：一个是罗伯特·呼德，被砸碎了脑袋；另一个是印第安翻译，是被探险队的医生约翰·利察德逊开枪击毙的，因为怀疑他企图杀死呼德和另外几个同伴，用他们的尸体充饥。剩下的 5 名队员，在得到印第安人支援后，来到了普罗维登斯要塞地，他们在这里度过了第三个北极的冬天，于 1825 年夏季回到了英国。由于北极探险的卓越贡献，富兰克林被女王授予爵士封号，海军部也随即提升他为舰长。

1925 年，富兰克林、利察德逊、巴克，以及另外一个在 1819—1823 年间陪同富兰克林探险的人，受命从英国出发，去北极进行新的考察，以探明楚科奇海阿伊西角（在美国阿拉斯加与俄罗斯西伯利亚之间）至科珀曼河口的美洲北部海岸线。由富兰克林率领的第一分队驶进海洋后向西航行。一个半月后，才到达西经 149° 的海区。因大雾弥漫，进展缓慢。同年 9 月，分队返回富兰克林要塞。在加拿大度过第二个冬天后，于 1927 年回到了英国。

第二分队在利察德逊的领导下，却交了好运。航行期间天气晴朗，一路顺风，在由西向东的航行中，发现了美洲大陆最北端的巴瑟斯特角、富兰克林湾、达思利湾以及位于这两个湾之间的帕里半岛。后来，他们又发现了一个被命名为伍拉斯顿的岛屿。8 月 7 日，分队驶入了科罗内申湾，出色地完成了考察任务。

再振雄风

事业的成功与官职的升迁，使本来自命不凡的富兰克林更加居功自傲，唯我独尊，这给他日后的事业带来了不少麻烦，也造成了一些不应有的波折。

1836 年，英国皇家地理学会鉴于以往寻找西北航道的探险活动都归失败，请求海军部组织一支舰队，进行一次最后的探索。

富兰克林凭借他在探险界显赫的名声，向学会提出了远征的申请。他的傲慢态度引起了当事人的反感，后来富兰克林又在海军部大发雷霆。他不仅没能争取到再展宏图的机遇，反被派往位于澳大利亚巴斯海峡的塔斯马尼亚岛，当了殖民地总督，度过了无所事

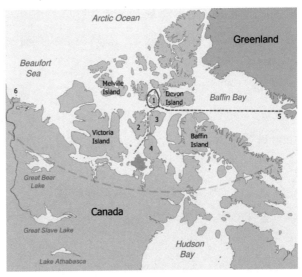

▲ 富兰克林探险队失踪的那次探险路线（由 HMS Erebus 和 HMS Terror 绘制）。

事的 6 年光阴，而一个名叫乔治·贝格的军人，担当了本该由富兰克林担任的探险队长。

富兰克林回到英国后，命运又一次向他招手了。适逢海军部再次组织北极探险。这位壮志未酬的海军少将已 56 岁，老骥伏枥，志在千里。再一次向海军部提出申请，愿意率领一支探险船队，为大英帝国开拓疆土。海军部长鉴于他的忠诚和勇敢，终于同意了他的请求。

1845 年，一个精心组织的庞大探险队总共 138 人，分乘"埃里伯斯"号和"特罗尔"号两艘航船，从格陵兰西部海岸启程，驶入巴芬湾水域。

然而，"黄鹤"一去无消息，从此，人们再也无法知道他们的去向。

冰海招魂

富兰克林探险队的悄然失踪，震动了英国朝野，也震动了世界。1848 年，英国海军部为此组织了一支规模不小的北极救援队，分别在加

拿大以北地区、白令海域，以及兰开斯特海峡、巴罗海峡，包括这片海域中的大小岛屿，反复搜寻，竟然没有找到有关富兰克林及其探险队的任何痕迹。

1850年，英国政府为此悬赏2万英镑，能够提供探险队命运确切消息的人，也可以得到1万英镑。富兰克林的妻子杰·富兰克林，也愿意出5000英镑作为有功人员的额外补偿。在此后的几年中，总计有几十艘船只搜寻了加拿大几乎所有的海湾、海峡。他们在山坡上树起了鲜明的标志，在各地建立了粮食储备仓库，并向爱斯基摩人许诺重金。

这年9月，由佛雷林·奥斯丁上校率领的一支由9艘航船组成的救援队，闯入了巴罗海峡的流冰中。在一个名叫"比基"的小岛上，意外地发现人类活动的遗迹：一个铁制的射击台和一间坍塌的仓库，里面有排列整齐的肉罐头，成堆的绳子和破碎的布片……在不远的地方，又找到了几块墓碑和死者的骨骸。其中一块写着"约翰·托林敦"的名字。他是"特罗尔"号的轮机长。看来，谜底快要揭晓了，但奥斯丁再也没有发现足以说明富兰克林等人的任何有力证据。

在这样的情况下，1854年3月，英国海军部只得向全国发布富兰克林探险队全体人员不幸罹难的公告。

豁然开朗

正当人们将信将疑之际，一则意外的消息从哈德逊湾公司传到了英国。该公司的高级职员约翰·雷博士——一位热情的业余探险家，为了获取高额奖金，深入到布西亚半岛顶端的一个小海湾。从一个爱斯基摩人的口中，他得知：几年前，在贝里湾西部约250千米的海面上，有40余名白人抛弃了两艘大船，向巴克河口行进。

雷博士高兴地赶到那里，在威廉岛的东北海岸边，找到了不少衣服碎片和生活用品，并打听到曾有不少白人尸体和墓碑散置在这一带。后来，

◀一个爱斯基摩人
家庭。

他还亲眼看到了一艘翻过来的小船，底下躺着几具白人的尸体。

雷博士的发现，得到了海军部的确认，但由于种种原因，海军部无力派出搜寻队核实雷博士提供的报告，雷博士也因此只能得到奖金的一半。

不过，在英国人的眼里，这个谜底总算初步揭开了。

真相大白

"初步揭开"，对一般英国人来说，似乎已经得到了心理上的满足，但是，作为富兰克林遗孀的这位富有的女人，却希望彻底揭开由他丈夫领导的那支探险队失踪的全部秘密。为此，她奔走呼吁，希望得到社会的同情和政府的支持。在一切努力失败后，她决定自己出钱完成一次冰海的远征。

这时海军部迫于舆论压力，不得不拿出大量探险所需物资，并派遣利波·麦克林托克海军上尉，指挥这次最后的搜寻活动。

1857 年 7 月 1 日，"狐狸"号出海了。在格陵兰西部海岸，由于浮冰阻挡，船只随

▲富兰克林夫人画像（Jane
Franklin，1791—1828）。

海流漂泊了 250 天左右，直到翌年 4 月才脱离险境。几个月后，小船停靠在比基岛旁，富兰克林当年在此越冬的遗迹随处可见。在威廉岛上，他们度过了第一个冬季。

在此期间，他们乘坐雪橇在冰原上仔细探索，深入到一处名叫维多利亚海岬的地方，遇到了一群狩猎的爱斯基摩人。他们的狩猎器具引起了麦克林托克的注意。经辨认，正是"埃里伯斯"号和"特罗尔"号船上的遗物。通过耐心说服和物资交换，爱斯基摩人终于献出了所有藏品。他们说，

▲ 麦克林托克（Sir Francis McClintock，1819—1907）。

这些东西是 10 多年前从威廉岛北部被浮冰挤压破了的一艘船上取得的。这些器具上大多刻有富兰克林和他属下军官姓名起首字母的铭文。后来，根据这伙爱斯基摩人的提示，很快找到了另外一些实物，并发现了富兰克林探险队人员来过这个岛屿的确切物证和一份密闭在金属瓶内的航海记录。至此，一个 30 年未被揭破的谜底，终于以它的本来面目展现在世人的面前。

业经核实的情况表明：1845 年，富兰克林的两艘蒸汽船平安地穿过兰开斯特海峡后，"特罗尔"号便留在比基岛附近待命。富兰克林乘"埃里伯斯"号从南向北穿过了惠灵顿海峡，向西北航行，发现了德文岛的西部海岸线。至北纬 77° 处，航船被坚冰阻挡，遂折回巴罗海峡。不久到达"特罗尔"号停泊地。第一个冬季，总算是平稳地过去了。到此时，探险队仅有 3 人死亡。

1846 年夏天，他们穿过巴罗海峡，航行到北纬 70° 离威廉岛北端数千米的海面时，船只不幸被冻结在浮冰上。在这里，他们度过了第二个冬天。由于从英国带来的罐头都是腐肉，不能食用，饥饿与寒冻夺去了几十个人的生命，还有许多人患了可怕的坏血病。

探险队已经处于绝望的境地，生还的希望十分渺茫。为了让祖国和家

人了解他们的真实情况，冬末，富兰克林派出一个由 8 名队员组成的小组，踏冰向威廉岛行进。这里也是一个荒无人烟的冰雪世界。后来，他们在岸边垒起一堆乱石，将一个藏有航海记录的金属瓶子埋在里面。

▲ "狐狸"号。

他们回到船上后，年过花甲的富兰克林已经病入膏肓，不久便离开了人世。根据有关材料记载，那是 1846 年 6 月 11 日。

这年夏季，"埃里伯斯"号和"特罗尔"号仍然未能驶出冰海。

正当他们准备在威廉岛度过第三个冬天时，可怕的厄运终于降临了，因坏血病死亡的人越来越多。到 1848 年春天，情况就更加严重，几乎每

▲ 麦克林托克率领的搜寻队解开了富兰克林探险队失踪之谜。

天都有人死亡。于是，他们决定放弃这两具"活棺材"，携带剩余的生活用品，乘雪橇向南方行进。麦克林托克等人在威廉岛上找到了许多遗物和盛着尸体的木匣；越往南走，尸骨越多，不过没有装殓。这些人员的足迹，最后留到了北美大陆的沿岸——巴克河的河口。在这里，人们发现了富兰克林的同伴们抛弃的一只小船，以及用它覆盖起来的几具人体骨骼。

以上情况，便是富兰克林探险队失踪的来龙去脉。不过这些材料的获得和核实，最后经过了大约30年的时间，才画上了一个令人信服的句号。那些飘忽在风雪冰原上的游魂，至此可以安心地休息了。

▲ "狐狸"号搜寻队在执行任务中。

3 鲜血染红的东北航道

北冰洋海冰与海水的界限（黄永明 摄）。

达·伽马和麦哲伦的划时代航行，开辟了从欧洲通往亚洲的两条航道，沟通了东西方的海上联系。但是，这两条航道一条要绕过非洲南端的好望角，另一条则要穿越南美的麦哲伦海峡，都绕了一个很大的弯子。多少世纪以来，人们一直幻想找到一条能够连接大西洋和太平洋的最短航道，并为此付出了艰辛的劳动和惨痛的牺牲。

根据地圆学说，地理学家们确信，这条最短的航道是存在的。可能有两种走法。即，沿北美北岸走，叫西北航道；沿亚洲和欧洲北岸走，叫东北航道。但两种走法都得通过北冰洋区。然而，北极到底是个

▲ 位于葡萄牙锡尼什的达·伽马（Vasco da Gama，约1460—1524）塑像。

什么样子，船只能够通行无阻吗？那时，人们还不得而知。

离奇的幻想和朦胧的影像，几百年来一直以巨大的诱惑力，吸引着无数的冒险家为寻找这条最短的航道而勇敢地走向北极，其中许多人为此献出了宝贵的生命。

英国人的梦想

1553年夏天，由希尤·威尔劳比担任船长的"好望"号探险船，肩负着寻找东北航道的重任，驶入了一望无际的北极海洋。接受他调遣的还有其他两艘船只。六个星期后，船队便到达了北纬69°附近的挪威塞尼亚岛，准备在这里稍事休息，继续北进。

不料，就在当天夜晚，一场突发的巨大风暴向船队猛烈袭击。排山倒海的狂涛使"好望"号同其他两艘船只失去了联系。第二天，只找到了其中的一艘，威尔劳比断定："慈善"号已经葬身大海了。

后来，"好望"号向挪威北部的瓦尔德海湾驶去。由于迷失航向，在海上折腾了一个多月，仍未找到停泊的海湾，直到 9 月中旬，船队才在诺库耶夫海湾靠岸。几天后，天气突然变得寒冷，他们只好在这座荒岛上越冬。从此船队便陷入了绝境。由于饥饿和寒冷的袭击，包括威尔劳比在内的乘员，全部遇难。

也不知是什么时候，这两艘无人驾驶的船只，被风浪打到了诺库耶夫岛外的一片海域。直到第二年冬天，才被在这里作业的俄罗斯渔民发现。从船上找到的一名随航商人的遗书中，人们才知道希尤·威尔劳比和他的同伴一直坚持到 1554 年 1 月才因冻馁而结束生命。他们虽然没有开通东北航路，却走完了生命中辉煌的一段行程，为后继者竖起了一面勇敢的旗帜。

后来，英国的"商人探险家"幻想通过俄罗斯的鄂毕河，打通前往中国的贸易通道。这条河自南向北穿越西伯利亚平原，然后流入北极的喀拉海中。1556 年，斯蒂文·巴罗受命乘一艘名叫"得利"号的快艇向鄂毕河方向挺进。

巴罗原是失散的"慈善"号的领航员。在塞尼亚岛的风暴中，由于船长杰斯劳尔的出色指挥，他们顺利地战胜了恶风巨浪，驶入了安全地带。巴罗后来成了一名出色的主舵手。

"得利"号在巴罗的驾驶下，顺利地到达瓦尔德港，接着向东航行，驶出了科拉河河口，沿海岸向东缓慢地行进。在卡宁角地区，他们遇到了一场巨大风暴的袭击。由于环境生疏，无法找到避风的地方，在这生死关头，巴罗巧遇一位名叫卡布利尔的俄罗斯朋友，在他的引导下，才冲出了浮冰和巨浪的包围圈，进入了一个安全的避风港。

4 天后，巴罗的快艇又驶入了茫茫的大海。第二日清晨，他们遇到了一座巨大的冰山，周围还挤叠着望不到边的大小冰丘。快艇进入了一条冰障对峙的狭窄谷道，阴风惨惨，寒气逼人，着实令人恐怖。经过 6 个多小时的航行，巴罗才闯过了这片冰区。再向北航行了几天后，便到了一个岛屿附近。经测定，为北纬 72° 42′，这是他们到达的最北端。

后来，经一位名叫劳沙克的俄罗斯渔民指点，才知道"得利"号偏离了向鄂毕河行驶的航路。于是转过头来，继续向东疾进。当驶近一个小岛时，海上又刮起了狂风，浮冰在巨浪中撞击，快艇随时都有被击碎的危险。他们只得采取紧急措施，将小船开进了位于喀拉海西部入口处的一座港湾。此时，巴罗已经心力交瘁，失去了继续前进的勇气。加上严冬将至，频繁的冬季风暴和令人胆寒的浮冰，促使他作出返航的断然决定。这天是1556年8月22日。

巴罗归来，虽然未带回开通东北航道的喜讯，但他积累的冰海航行资料，却为后来的探险家提供了宝贵的经验。

24年后，英国又派出了由彼特率领的船队东行。这次他们穿越了尤戈尔斯基海峡，还驶入了喀拉海，比起他的前辈来，算是走得更远了。当深入到喀拉海的西南海域时，由于恶劣的气候和生疏的环境，船队被迫返航。途中，又遇上了可怕的风暴，一艘船失踪雾海，另一艘船载着彼特回到了伦敦。英国人打通东北航道的梦想，经过几十年的努力后，终于彻底幻灭。

悲壮的巴伦支海

英国人寻找东北航道失败之后，又是10多年过去了。直到1594年6月，荷兰才派出了一支由若干艘船只组成的冰海探险队进入北极区。其中的一艘由威廉·巴伦支指挥。

到达科拉河口后，便兵分两路，巴伦支指挥的船只和另一艘航船向东北航行。他们估计绕过俄罗斯新地岛后，便可以进入一片无冰的海域。

几天后，他们绕过了冰雪覆盖的新地岛，穿过海峡后，水面便逐渐宽阔起来。在靠近海岸的一角，他们发现一艘残破的帆船，折损的桅杆斜躺在水面上，船舱内壁还靠着几具尚未腐烂的尸体，神情十分痛苦。后来，他们又从一个荒岛边经过，看见岸上有两个坟堆，各插着一个十字架。显然，这里埋葬的又是两位不知姓名的探险家。面对眼前的悲惨图景，巴伦支心

里一阵痛楚，眼角里差点儿流出泪来。

后来，他们发现了一块伸向海洋的陆地，这里是一片冰雪世界，位于新地岛的最北端。巴伦支高兴之余，便将它命名为冰角。为了避免冰雪的围困，这次航行便到此止步。

不久，荷兰政府又组织了一支庞大的探险船队驶往北极，巴伦支也参加了这次行动。他指挥的那艘

▲ 巴伦支（Willem Barentsz, 1550–1597）的队员们正在与一只北极熊搏斗。

帆船同另外几艘帆船一道径直向东行进。可是出师不利，还未到达新地岛，海面的巨大冰障便挡住了他们的去路。船队只得停泊在一座小岛边。看来，继续东进的希望破灭了。1595 年 12 月，没有任何成就的船队只得悄悄地返回荷兰。

第二年，又一支新的探险队由荷兰参议院发起组织。这次，巴伦支担任"盖姆斯克尔"号的领航员，还有一艘由杨·莱茵指挥。

巴伦支吸取了以往探险家大多因启航太晚、中途被浮冰困扰而导致失败的经验教训，决定避开茫茫冰海和层层冰山的阻隔，从格陵兰东部海域北上，探求一条新的航路。

事实证明他的决定是正确的，不久，船队便顺利地进入了北极海域。

途中，巴伦支发现了一个山峦重叠、峭壁悬崖的群岛。这里一片荒凉，没有人烟。船员们都叫它"尖峭的山地"，也就是后来的斯瓦巴德群岛（现属挪威）。岛屿周围的海域，因受北大西洋暖流的影响，除局部地区外，长年绿波荡漾，很少有结冰的时候，是北极的不冻海。这里是鲸群和海象的乐园。在寒冷的海滩上，小海豹围绕着母豹嬉戏，别有一番情趣。

船队继续向东北方向航行。这时，巴伦支和莱茵产生了意见分歧。莱茵提出绕道向北寻找不冻的航道，然后再向东前进，而巴伦支坚持只有向

东才有希望。争论的结果，导致船队分道扬镳。

1597 年，巴伦支所在的航船驶进了新地岛附近海域，接着向北急进，准备绕过这座岛屿后继续向东探航。不料他们的船只被浮冰围困，巨大的冰块越挤越拢。巴伦支只得小心翼翼地在冰间穿

▲ 巴伦支的船队行驶在北冰洋。

行，驾驶着伤痕累累的航船脱离了险境，终于在新地岛东北海角一个被冰雪覆盖的名叫"冰港"的地方停泊下来。

冬季来临了。在摄氏零下几十度的严寒里，他们在荒岛上搭起了炉灶和小屋。将武器和物资搬上岸来，度过了北极的第一个寒冬。

这期间，巴伦支曾多次设法摆脱坚冰的禁锢，想把船开出去，但始终

▲ 这幅油画表现了巴伦支去世时的情景。

没有成功。

第二个寒冬又来临了。由于吃不到新鲜食物，船员们大多患上了败血病。越冬的 17 人中，已经死掉 2 人，另有 2 人病得很重。停泊在"冰港"里的航船也已破损不堪，根本无法修复。

第三个冬季更加严酷，也更加凄惨，死亡的阴影笼罩在每个人的心头。巴伦支和他的同伴意识到，再这样等待下去，脱离险境的希望将越来越渺茫。于是他们断然作出放弃继续航行的计划，收拾了简单的行李，带上食物，并将这次航行的情况写成一份详细的材料，存放在小屋里的炉灶旁。然后便登上浮冰，踏上了绝望的归途。

身患严重疾病的巴伦支，在饥寒交迫中再也无力挣扎，终于倒在了北极的冰雪中。

300 年后，人们沿着他的足迹走进了他殉难前住过的小屋，发现了他领导的探险队的部分遗物和有关资料，上面详细地记载着他们这次探险遇难的悲惨经过。

后来人们把这里称为巴伦支海，以纪念这位探险家。

瑞典人首航成功

▲ 2007 年芬兰发行纪念探险家诺登舍尔德的 10 欧元纪念银币。

18 世纪，俄罗斯的航海家曾多次在北欧冰海探航，渴望能找到一条通往亚洲的最短航路，虽然未能取得成功，却为后继者提供了有益的经验教训。俄罗斯人在探索北部航道方面的巨大贡献，极大地鼓舞了瑞典富商奥斯卡尔·迪克森。他用自己的钱装备了一艘大型帆船，聘请以诺登舍尔德为首的科学考察小组去北极探察。

1857 年，诺登舍尔德一行，乘坐迪克森装备的渔猎船出海了。

7月底的一天，他们穿过了尤戈尔海峡，到达亚马尔半岛西部，向北航行，驶入北纬75°30′处。一个月后，他们在俄罗斯西伯利亚叶尼塞湾的岛屿找到了一个优良港口。这次航行很顺利，几乎没有遇到意想不到的风险，虽然航速很慢。9月底，这艘渔猎船便安全地驶进了挪威的一个港口。

第二年，诺登舍尔德乘蒸汽船再次北航，把一批外国货物首次运送到叶尼塞河河口。

多次的航行证明，在亚洲的最北部地域，即俄罗斯太梅尔半岛附近的海区，每年8—9月是不冻期。如果乘坐蒸汽船，在秋季完全可以顺利地通过这里。

▲ 诺登舍尔德 (Nordenskiold, Adolf Erik, Baron, 1832—1901)。

诺登舍尔德坚信自己的判断是准确的。为了实现开辟东北航路的宏愿，他千方百计地说服了俄国的资本家，为他捐资组建了一支由他亲自率领的探险队，装备了一艘名叫"维加"号的蒸汽船。这艘航船载重357吨，设备完善，特派一艘小型火轮"勒拿"号率先驶往尤戈尔海峡附近接应。

8月10日，"维加"号和"勒拿"号在太梅尔半岛的迪克孙港鸣笛起锚，开始了一次远距离的冰海航行。

诺登舍尔德乘坐的"维加"号，由技术高超、经验丰富的航海家帕兰德尔驾驶，他们走的是一条崭新的航道。尽管风浪平缓，但岛屿纵横，浅滩密布，航行需要特别谨慎，否则就有搁浅或触礁的危险。

这天夜里，天气突然发生变化。不到一个小时，大海便笼罩在一片灰蒙蒙的浓雾里，能见度很低，再也无法航行了。诺登舍尔德只得将船停靠在一个名叫阿克季尼伊的港湾里，等候天气好转。4天后，他们感到时间紧迫，不容拖延，必须抢在大海冰封之前走完全程，于是起锚北行，绕过太梅尔半岛后，再转向东北。船员们沿途发现了许多尚未标入地图的小岛。

▲ 诺登舍尔德是 19 世纪一位在众多学科方面有作为的科学家，又是一名著名的北极探险家，作为北冰洋航道的开拓者而驰名全球。

8月下旬，他们驶进了一片无法通过的浮冰密集区。为了安全，只得改变航向，朝西北方向突围。这时，海水越来越浅，船队沿着太梅尔半岛东部的海岸线行进。这里没有浮冰的困扰，海面平静如镜，只见群山耸立、蓝天如洗，人们都拥到甲板上，欣赏着那难得一见的北国风光。

到达勒拿河口后，诺登舍尔德留下"勒拿"号小船，驾驶"维加"号继续东进，经熊岛群岛（属挪威）顺利地通过了东西伯利亚。穿过德朗海峡后便驶进了楚科奇海。

这时，寒冬逼近了，海面开始结冰。9月 28 日，天气虽然晴朗，但冷风逼人。"维加"号终于未能逃脱冻结的命运。这里离白令海峡的北部入口仅200多千米。直到1879年7月中旬，冰雪才开始融化，被封冻近 10 个月的"维加"号迅速开机起航。几天后，白令海峡便出现在他们的面前。当绕过俄罗斯楚奇科半岛迭日涅夫角时，船上爆发出了经久不息的欢呼声。站在船头的诺登舍尔德立即命令燃放礼炮，以庆祝这个震惊世界的不寻常的事件。

他回到舱房后，心情像涌起的巨流一样久久难以平静，眼眶里闪动着滚烫的泪花，"我们的目标总算实现了！但是，自 16 世纪以来，为寻找东北航道而牺牲生命的探险家们，他们却永远长眠在北极的冰山雪海里……"

"维加"号首航北极东北航道成功后，于1879年9月初驶抵日本横滨港。翌年3月回到瑞典。

从此，人类找到了一条沟通欧亚大陆的最短的航线。沿着这条航线，一年内可以航行几次，或者仅用几周时间便可以完成一次环绕欧亚大陆的洲际旅行。

4 "珍妮特"号与南森

冰川表面的水塘（黄永明 摄）。

冰川表面的结构（黄永明 摄）。

1879 年，得到《纽约先驱论坛报》老板戈登·贝内特 10 万美元赞助的乔治·德朗，组建了一支北极探险队，乘"珍妮特"号从太平洋西岸的旧金山启航，去北冰洋寻找诺登舍尔德的下落。他们穿过白令海峡后，在科柳钦角听到"维加"号已经平安驶入白令海了。于是，德朗毅然决定北进，企图一睹北极极点的风采。

这年 9 月，航船进入了北极圈内，浮冰愈来愈多，而且相互撞击。此后不久，在德朗发现的一座名叫赫勒尔德的岛屿附近，"珍妮特"号终于被坚冰冻结了。2 个月后，由于冰层压缩而沉没。船员们死里逃生，随着巨大的浮冰漂流到北纬 77° 44′ 的位置后，便转乘小船到达俄罗斯勒拿河三角洲地区。后来，德朗和他率领的 20 多名船员都饿死在这里。

"珍妮特"号冰海沉舟，虽然是悲惨的，但并未阻止人类对北极冰海的探索。德朗和他的伙伴们在殉难之前决不会想到，他们的船舶残骸和遗物，经过 5 年时间的漂流后，还会到达格陵兰东部海域。这给后来的探险家以重大的启示，并带来新的信息与希望。

一个重要的启示

1893 年，一位体格强健的年轻人，艰难地穿行在格陵兰岛上。整整一年，他餐冰饮雪，跋山涉水，忍受了难以言状的严寒奇冷的折磨，终于成为人类历史上第一个乘雪橇横越格陵兰的人——他就是挪威著名的学者、探险家南森。

这次格陵兰的冒险旅行，使他学到了许多有关在严酷的冰冻条件下人类获取生活资料和保存自己的丰富知识；同时也收集了许多有关水文气象方面的

▶ 南森是挪威的一位北极探险家、动物学家和政治家。他由于 1888 年跋涉格陵兰冰盖和 1893—1896 年乘"弗雷姆"号横跨北冰洋的航行而在科学界出名。

详细数据，为他后来的北极探险创造了必要的条件。

正在这时，人们议论着一条新闻，5年前在东西伯利亚北部海域被冰块挤毁的美国"珍妮特"号探险船的残骸以及船员的衣服用品等浮物，竟在格陵兰东海岸发现。与此同时，原来漂浮在西伯利亚北部海域的一些木片，也在格陵兰海边的滩头发现。显然，它们曾是阿拉斯加爱斯基摩人制造弓箭时经过初步加工的产品，有的木棒上还嵌着那一带特有的石片。

这些不起眼的信息，人们只是怀着猎奇的心情，谈论一阵子后就忘了。然而，多长一个心眼的南森却激动不已。因为他受到了莫大的启示：北极区也许存在一股自东向西的潜流；这股潜流很可能会经过极点。如果真是这样，那么，自己梦想了多年的征服北极点的愿望便能实现。

他觉得自己完全可以借用浮冰的漂移，将探险队送到北极点去。

经过仔细的分析和周密的策划，一个雄心勃勃的探险计划在南森的脑海里形成了。他在一次地理学会上，提出了让航船冻结在浮冰上，借助洋流的动力，使浮冰和船舶一起漂流的计划。

为此，他精心设计了一种底部呈半圆形，整体形状像半个鸡蛋壳的航船。这种奇特的造型，具有很强的适用性。当船体受到浮冰挤压时，它会随着收缩的冰圈上升，使船体不致破碎。

然而，南森的计划就像中世纪人们谈论地圆的神话一样，立刻遭到与会探险家的激烈反对。有人说："这是疯狂人的叫声。"有人说："'珍妮特'号的命运就是他们的前途。"

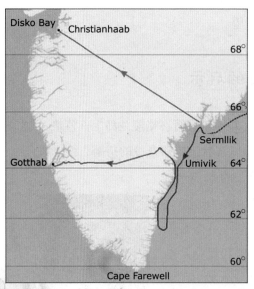

▲ 1888年5月，南森在5个同伴的伴随下用雪橇进行横跨格陵兰冰盖的考察。在那里度过的冬天给了南森研究爱斯基摩人的机会。最后他写成一本名叫《爱斯基摩生活》的书，并于1891年出版。

还有一位声名卓著的探险家不无关切地劝告他说："风向是决定浮冰漂流方向的主要因素，你的想法缺少科学依据，不客气地说，简直是异想天开。"对这些也许是善意的忠告，南森都不作答辩。

▲ 南森利用大部分由私人捐助的资金建造了一艘船，并给该船取名为"弗雷姆"。这艘船的最大特色是其外壳呈圆形，这样可以使船易于挤进大冰群并拱在其上面。图为当代仿品。

南森回到挪威后，便登上了自己设计的"弗拉姆"号探险船，开始了北极的远航。时间是 1893 年 6 月 24 日。

他的判断没有错

2 个多月后，南森的探险队来到了俄罗斯勒拿河口的哈巴罗夫村。在这里作了短暂的停留，便朝着新地岛附近的喀拉海方向北进，直到北纬 78° 30′ 的位置时，正如预想的一样，冰块把船体平平稳稳地托起来了，并且很快冻结在海面上。

后来南森回忆起这惊心动魄的瞬间时，仍然心有余悸。那是一个寂静的夜晚，正在舱里谈笑的人们忽然听到冰层断裂的噼啪声。顿时，大家都吃惊地站起来，呆若木鸡地等待着命运的裁决。不久，

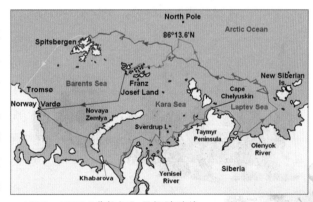

▲ 1893—1896 "弗拉姆"号探险路线。

他们便感到船体在缓缓地上升，最后便牢牢地冻结在坚冰之上，一动也不

动了。南森惴惴的心至此才平静下来。事实证明，他设计时的构想是完全正确的。

极地的黑夜来临了。现在摆在"弗拉姆"号13名探险勇士面前的唯一选择，是耐心地熬过那寂寞漫长的北极寒冬。值得庆幸的是，由于启航时准备充分，各种生活用品，特别是食物、酒精饮料都十分充足。所以大家过得还很舒心。但是时间久了，一种莫名的愁闷便涌上了心头，因为严寒、单调和孤寂的生活，只能将人们带入绝望和狂想之中……

3个多月过去了，南森发现冰和船的漂流方向与风的方向并不一致，因而断定这里确实存在一股洋流，他的极点漂流计划显然是切实可行的。但经测定，"弗拉姆"号3个月来仅漂流了60多千米，而且并不是朝北移动。

船员们懊丧极了。正值他们为探险队的命运忧心如焚的时候，突然乌云密天，狂暴的东南风呼啸地掠过海面，把载着"弗拉姆"号的浮冰向西北方向刮去。真是天随人愿，愁容满面的船员们顿时喜笑颜开。就在这里，他们在船上迎来了1893年的圣诞节。这天，大家举杯欢庆，载歌载舞。一年后，又以同样的方式送走了1894年的圣诞节。

1895年3月，已经停止漂移几个月的"弗拉姆"号，漂流到了北纬84°的位置、离北极点只有500多千米的时候，南森根据测定的路线判断，如果继续向西北方向漂流，不仅不会将他们送到北极点，反而会离目标越来越远。在将近2年的时间里，他们已经创造了前所未有的纪录：迄今为止，还没有一艘航船能够到达这么高的纬度。然而这不是南森的目标，他追求的是征服北极极点，并在那里作科学考察。

▲ 南森（左二）和约翰逊（右二）离开"弗拉姆"号时的情景。

为此，他作出了一个大胆的决定：立即乘雪橇去极点考察，估计500多千米路程，只需50天时间便能打个来回。于是，南森带领他的助手约翰逊，分乘几架满载探险物资和粮食的雪橇；为了越过冰间水流，他们还携带了两艘小皮艇。一切准备停当后，于3月14日离开了"弗拉姆"号，开始了艰险的冰上徒步旅行。

艰难的冰上跋涉

北极的冰原险象丛生：道路崎岖，到处是冰缝冰裂，稍不小心，便有掉进深渊的危险。一次，约翰逊两眼发花，身子稍一倾斜，便掉进了冰窟窿，寒冷彻骨的海水立刻浸透了他的全身。要不是南森全力抢救，早就冻成了冰人。

10天后，他们到达了北纬86°14′、东经86°的位置。经测定，这里距北极点仅300多千米了。这时，气候越来越恶劣，道路越来越崎岖。为了翻过突兀不平的冰丘，有时还得将雪橇抬起来行走。

由于长时间的劳累，加上睡眠不足，他们的体质日益下降。但南森并没有停止前进。两天后，他

▲ 南森和约翰逊在法兰士约瑟夫地群岛度过的冬天。

根据星空重新测定位置时，发现几天来他们朝北前进缓慢。接着，他们又试了几天，还是同样的结果。其中有一天，不但没有前进，反而后退了几百米。

原来，南森一行在浮冰上向北行进，而他们的载体——浮冰，却随着洋流漂向西南。浮冰漂流的速度，比他俩前进的速度还快。

这时，他们决定掉头往南，想拐到附近的俄罗斯法兰士约瑟夫地群岛去，因为实在太劳累了。这里离北磁极很近，指南针已经失效，无法辨明

方向，他们只得在冰原上摸索，找不到一条通向群岛的正道。

北极的春天到来了，天气一天天暖和起来，冰雪又变成了蔚蓝的海面。南森和他的装备以及雪橇等物，都得靠皮艇运载。这时食物也越来越少，几乎到了挨饿的境地。最后只有杀掉大部分伴随他们出生入死的爱犬，让它们为人类的崇高事业做出最后的牺牲。

到了6月9日，食品已经告罄。凑巧约翰逊发现冰上躺着一只年幼的海豹，便竭尽全力扑上去，将它杀死，解决了暂时断粮的危机。至于以后的情况如何，那就得碰运气了。

夏天终于姗姗地到来了。他们将两艘皮艇连接起来，驶入了刚刚解冻的大海。就在他们离开"弗拉姆"号4个月后的一天，皮艇到达了法兰士约瑟夫地群岛最北端的一个荒岛上。他们立即用石块和冰条修建了一座临时"住宅"，草草地安了一个温暖的窝。此后的工作便是猎取北极动物充饥。就在这座岛上熬过了又一个北极的冬天。

第二年的春季，他们历尽千辛万苦，划着小皮艇向南部海域行进。经过几周的生死拼搏，终于在另一个岛屿登岸了。这是他们在茫无边际的冰海中第二次找到陆地。那种绝处逢生的欣慰，是难以用语言表达出来的。

他们在岛上稍事休息后，便决定徒步向南跋涉。为了准备充足的食物，第二天一早，南森同他的伙伴便深入到荒岛腹地打猎。这时，一阵狗吠声使他们感到惊奇。开始时还以为是幻觉，后来证实这是事实。

"有狗就有人！"

南森兴奋极了。不久，他们果然听到了人的吆喝声。于是快步跑上前去，原来他是英国的著名探险家杰克逊。

▲ 1896年6月17日，南森遇到了著名探险家杰克逊。

他们终于得救了。1896年8月搭乘给杰克逊运送物资的"维因多瓦"号顺道返回挪威。

"弗拉姆"号的这次极地远航，虽然未能实现到达北极点的愿望，却创造了深入北极心脏地区的最新纪录，为人类极地探险事业作出了应有的贡献。

在这次考察中，"弗拉姆"号的船员曾对北冰洋进行了11次水深测量，收集了洋流、水温、风向、冰层等有关资料，更正了不少过去对北极的不正确认识。

特别值得钦佩的是，通过考察，南森第一次验证了北极中部既不是一块陆地，也不是一片浅海，而是一个有上千米深的海盆。

南森这次探险的成果和他的事迹，已被载入史册。

"弗拉姆"号的凯旋

南森的幸运回归虽然引起了挪威举国的欢庆，但是，人们更关心的是被冻结在北极冰间的"弗拉姆"号的命运。特别是南森，至今还没有得到过有关"弗拉姆"号的确切消息。有的人估计已经遇难了，还有的人说它还牢牢地冻结在坚冰上。

然而，一个出人意料的消息不久便传到了他的耳中："弗拉姆"号探险船，已

▲ 1922年，南森由于担任国际联盟高级专员所做的工作而获得诺贝尔和平奖。

于 8 月 20 日安全地停靠在挪威的特罗姆瑟港了。听到这个振奋人心的喜讯，他高兴得乱蹦乱跳，禁不住淌出了激动的眼泪。

"弗拉姆"号上的船员，自从南森和约翰逊离开后，便翘首盼望着他们凯旋。50 天过去了，100 天又过去了……但是，除了大海的狂风带来又一个严寒的冬天外，什么信息也没有得到。孤寂和等待，闷得大家透不过气来。

由于缺少机动能力，一年来，"弗拉姆"号只能夹在冰层中随风向漂流。1895 年 11 月 25 日，曾经到达北纬 85°55′ 的位置，出现在北极海域的大西洋一边，那里距北极点仅 450 千米。后来，又折向南方，朝挪威西斯匹次卑尔根群岛方向漂流。在群岛的北部海域，终于冲出冰块的重围，回到了挪威的特罗姆瑟港湾。

这次探险，"弗拉姆"号在冰海漂流了 3 年又 3 个月，全体人员无一损伤地安全返航，创造了探险史上的奇迹。挪威人民为此感到无比的自豪，他们将这艘为北极探险事业立下丰功伟绩和带来荣誉的航船，陈列在卑尔根博物馆的展厅里，供人参观、学习，借以增强挪威民族的自强意识。

5 迟到的安魂曲

冰川表面融水形成的水道，插手杖的地方不
是冰，而是积雪（黄永明 摄）。

震惊世界的安德莱北极探险队失踪之谜被解开了。1930 年 10 月，安德莱和他的战友施特林贝尔·弗伦克尔的遗骨，由曾经给探险队护航的"斯文思克松德"号炮舰从挪威运回瑞典。

这天，瑞典首都斯德哥尔摩教堂里响起了低回沉重的安魂乐章，披着黑纱的市民含着悲痛祭奠他们的优秀儿子。

安德莱和他的伙伴为人类进一步贴近北极献出了宝贵的生命，他们的光辉业绩将与世长存。

诺贝尔资助了他

1854 年 10 月 18 日出生的萨洛蒙·奥古斯特·安德莱，是瑞典药剂师的儿子，毕业于高级技术学校。22 岁时，只身闯入美国费城。在瑞典驻美领事的帮助下，走进了世界博览会瑞典展厅，开始他的人生道路。

在那里，他对气球浮空技术进行了潜心的研究。后来受聘到设立在北极圈西斯匹次卑尔根群岛的挪威气象站工作。为了实现气球技术的突破和创造惊人的飞行纪录，他曾多次亲身试验浮空飞行，取得了令人瞩目的成绩。他还观察了 1500 次大气的放电现象。这些努力，为他日后的北极飞行准备了必需的技术条件。

1895 年，安德莱决定实施一项乘坐热气球，从西斯匹次卑尔根群岛中的丹尼斯的小岛上升空，一直飞越北极，到达美洲的探险计划。

他邀请了好友施特林贝尔作为助手。这位物理学家虽然忙于研究工作，出于友情和对北极探险的向往，便高兴地答应了。后来，安德莱又征聘了弗伦克尔同行。

瑞典科学院是这项计划的积极支持者。科学家们在首都的热心人士中开展了捐款活动筹措经费。举世闻名的科学家诺贝尔慷慨解囊，表示愿意承担这次探险活动所需经费的一半。

于是，一个直径为 2005 米、提升力重为 2 吨、质量上乘的热气球，

▲ 诺贝尔。

从巴黎运到丹尼斯岛上的一座专门建造的仓库里，其他的准备工作也在规定的日期内顺利完成。人们正静静地等待着那振奋人心的一幕早日来临。

"雄鹰"一去无消息

1897年7月的一天早晨，金色的海面平静得像一面铜镜。担任护航任务的"斯文思克松德"号炮舰徐徐地开出了港湾，向北方行驶。

上午8点，热气球"雄鹰"号的命名仪式在丹尼斯岛仓库的空旷地上隆重举行。安德莱第一个登上了吊篮的顶层，接着，他的两位同伴也跨了上去。他们扔出砂袋，割断绳索后，气球便开始升空了。

时间一天天地过去了，焦急的人们再也没有得到有关"雄鹰"号飞行的确切消息，更不知道他们到了什么地方。后来，瑞典当局相继派出了多批雪橇搜寻队去北极寻找他们的下落，然而，冰海茫茫，一切努力都无收获。

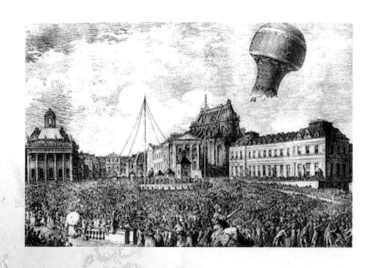

◀ 早期用热气球升空的尝试。

有一次，一艘在巴伦支海航行的挪威渔船，无意中击落了安德莱放出的一只信鸽。但它提供的消息只能说明探险队最初飞行顺利的事实，至于他们的整个活动情况以及后来的命运却没有下文。

3年后一个偶然的机会，一个名叫佩杰尔的少年，在挪威海岸的沙滩中寻找美丽的贝壳时，一只巨大的"松球"突然呈现在他的眼前，球外包着鳞片，一端染成黑色。佩杰尔就将它带回家中，经过仔细观察，终于认出这是安德莱极地探险队发出的信息飘浮物。

封存在瓶里的一张纸条上面写着："第四号浮标，7月11日中午抛出。一切顺利。气球在250米上空飘浮。信鸽向西飞去。——安德莱。"

此后，便再也没有人发现有关安德莱探险队的任何情况了。总之，人们深信："雄鹰"号已经永远失踪，而且再也没有胜利返航的希望。

一次偶然的发现

历史进入了1930年，佩杰尔已由一个充满幻想的顽皮孩子长成一个壮实的男子汉，并且当上了"布拉特沃克"号猎捕船船长。少年时代的偶然发现和安德莱的英雄名字，已深深地嵌入了他的脑海，探险队的失踪也成了地理学家及航海家长期以来无法解释的疑窦。当佩杰尔的航船进入白岛区域追捕海象时，船员们偶尔听到潺潺的流水声。走近一看，原来是一条清澈明亮的小溪。在这里，佩杰尔发现了一只茶壶，不远处还有一艘小型的防水布船，"安德莱探险队"的字样还清晰地保留在船帮上；后来还发现了一顶半埋在冰雪中的帐篷，里面散乱地放着各种生活用品，其中包括一本湿漉漉的探险日记。在帐篷的一侧，还蜷缩着两具僵冻的尸体，和另外一副骨架。显然，这些遗物和尸骨，足以证明这里是安德莱探险队遇难的确切现场。

佩杰尔激动不已。他深信，这个困扰人们几十年的"失踪之谜"，很快便要解开了。

▲ 北冰洋上的浮冰与冰川边缘（黄永明 摄）。

艰难的冰上旅行

人们从安德莱的探险日记中知道：升空后的气球，在经过 2 天的飞行后，便失去了控制，飞到了近 800 米的高空，由于气温骤然降低，球体表面很快结上一层厚厚的坚冰。36 小时后，气球开始下沉。为了减轻负担，他们从吊篮中抛出几千斤压载物，但仍无法阻止事态的发展。16 分钟后，气球到了距北冰洋面很近的地方。这里冰山林立，低飞的气球容易出事。为了安全，安德莱断然拧开了气球的阀门，让它缓缓地降落到一片空旷的冰原上，然后将吊篮中的物资全部卸下来，装上雪橇，开始向约瑟夫岛前进。

他们拖着沉重的脚步，在冰雪中整整熬过了苦不堪言的 3 个昼夜。第四天夜晚，刚刚入睡的安德莱被一只白熊急促的脚步声惊醒。在这生死关头，他机警地从睡袋中钻出头来，端起猎枪打死了它。第二天早晨，他叫醒自己的伙伴，威武地站在白熊的身边，摄下一张珍贵的照片。随后剥下熊皮，得到了一大堆难得的鲜肉，至少一个星期内，他们不用为食物担忧了。

8月底，气温逐日下降，狂暴的北极风雪，打乱了探险队正常的生活节奏。安德莱8天没有记日记，处境艰难万分。经过几天的折磨，3人的体质明显下降。施特林贝尔脚趾受伤，弗兰克尔得了胃病。但他们仍顽强地向前行进，有时一天竟难走几千米的路程。

气温越来越低，就连帐篷的内壁也经常出现厚厚的冰层。这时，探险队的食物贮备已经所剩无几。

不久，他们离开了海面的浮冰，在西斯匹次卑尔根群岛东部一个名叫白岛的岸边登陆，用冰块垒起了简陋的"住宅"，准备在这里度过一个北极的严冬后，再踏上南归的航路。

9月25日，安德莱在"住宅"附近击毙了一头海豹，大家的情绪十分高涨。豹肉被分割成小块后，贮入了临时建起的冰窖里。夜晚，他们饱餐了一顿鲜肉，还喝完了剩下的半瓶白兰地酒。

令人信服的推断

安德莱的日记写到10月2日。他在最后的一天记着："谁也没有丧失信心，情况无论怎样艰难，与这样好的朋友在一起共度危难，我相信，总能找到化险为夷的办法。"10月17日，在施特林贝尔的袖珍日历中的最后笔迹，虽然没有具体记载什么事情，也不能说明他们中间发生了什么变故，但至少能够说明：这一天，他本人还活着。然而，以后的情况就无从知道了。

专家们经过分析，大都认为他们不是死于饥饿，而是死于寒冻。因为人们在白岛上还发现了未被启开的罐头食品，但是，他们的衣着都十分单薄，鞋子和袜子破烂得几乎无法使用。

另外，从日记中还可以看到，即使到了生命最危险的时刻，安德莱等人的顽强意志并没有在严酷的自然环境中消沉，他们始终充满了必胜的信心，深信能够度过难关，找到战胜死亡的办法。直至严寒夺走他们中最后一个人的生命之前，这种坚定不移的信念，才逐渐淹没在白岛的冰雪中。

▲ 格陵兰岛上一个村庄外的风光（黄永明 摄）。

6 西北航道的开辟

近观冰川表面的水塘（黄永明 摄）。

冰川表面融水形成的河流（黄永明 摄）。

神秘东方的寻金梦，曾诱使许多欧洲人为此付出了代价，自然也取得了一些成就；不过，挪威探险家阿蒙森的北极之旅，则全然不是为了寻金，而是为了追求科学的事业，开辟前人不曾走过的北冰洋西北航道。

乘风破浪会有时

阿蒙森生在欧洲北部的挪威。这个国家有漫长的海岸线。千百年来，人们沿袭着海洋探险的光荣传统，同大海结下了不解之缘。阿蒙森在这样的环境里生活，对大海，对神秘而惊险的探险事业，自然情有独钟。

为了适应未来的探险生活，他从少年时代开始，就贪婪地阅读有关航海书籍，刻苦锻炼身体。21岁时，毅然放弃了医学院的学业，同弟弟进行翻越首都奥斯陆西部山区的滑雪活动，差点儿丢了性命。

后来，他离开了故乡，到一艘开往北冰洋猎捕海豹的航船上当了一名水手。从此，他便和其他十几个水手，挤在一间又脏又闷的底舱里生活。一阵阵刺鼻的腥臭味，常常使他吃不下饭，睡不好觉。

他每天的工作，除了冲洗甲板外，还要打扫厨房卫生。他利用一切可以利用的时间，虚心地向船长和有航海经验的船员学习，很快掌握了许多征服大海的知识。

一天，他们的航船行驶在大海上，突然，浓云密布，狂风大作，波涛像滚动的沙丘，一个接着一个地向颠簸的船体袭来。阿蒙森几次被摔倒在甲板上，呕吐不止。然而，他却以顽强的毅力，经受了这次严峻的考验。

以后，他又登上了另外几条远洋轮船。这期间，他不仅努力学习驾驶技术，还研习了航海理

▲ 挪威探险家罗尔德·阿蒙森（R. Amundsen，1872—1928），他沿被称为"西北通道"的美洲北极海岸，从大西洋航行进入太平洋，进行了历时3年的冒险航行。

论，为他日后通过船长考试奠定了实践和理论基础。

不过，阿蒙森的理想并不是仅仅为了取得一个报酬丰厚的船长职位，比这更重要的是，他要为自己从小就萌发在心中的探险梦想创造一个不可或缺的先决条件。

冷海孤航一叶舟

阿蒙森的"约阿"号探险船就要启航了，这是1903年4月16日。在码头上，他带着挪威公众和亲友的殷切希望，挥手告别了送行的人群，向茫茫的冰海深处航行。

▲ 阿蒙森从小喜欢滑雪旅行和探险，这是1895年时的阿蒙森。

阿蒙森这次航行的目的，除了企图开辟一条通向太平洋的西北通道以外，还幻想着自己能像巨人一样，创造人类第一次站在北极点上的石破天惊的奇迹。

"约阿"号在大海中飞速地前进。他满怀豪情地遥望着大海的巨涛。小船时而飞上浪尖，时而陷入波谷。溅起的水花，在狭窄的船头上急速地旋转，然后又沿着船舷上的缺口流进了大海。

"约阿"号沿北大西洋经冰岛近海，绕过格陵兰岛南端，进入了冰山林立的戴维斯海峡。"约阿"号凭借自己的小巧灵便和阿蒙森的准确判断，闯过了这片险象丛生的海域，后来，又走出了多得令人眼花缭乱的浮冰区——梅尔维尔湾，从而顺利地进入了加拿大兰开斯特海峡。

阿蒙森的运气是不错的。深究起来，人们还得叹服他的远见卓识。原来在航行之前，他从历次北冰洋探险中，意识到船体大、人员多、行动不便，加上航线偏北，因而导致失败。此次远征，他吸取教训，特意置办了一艘载重仅 47 吨的小船，挑选了 6 名身强力壮的水手，航线尽量靠南，甚至接近海岸。航行结果，证明阿蒙森的决策是正确的。

一个多月以后，经过测量，他发现地磁极就在离此不远的前面。于是"约阿"号又继续向西航行，进入了岛屿密集、航道狭窄的加拿大帕里群岛之间。这里水急浪高，礁石兀立，稍不小心，就有船毁人亡的危险。

后来，小船又遇到了可怕的暴风。在波涛汹涌的大海上，"约阿"号像一片树叶，一忽儿抛向浪尖，一忽儿扔下波谷，几次差点儿撞在礁石上。

经过顽强的拼搏，终于战胜了狂风巨浪，小船平安地驶入了加拿大维多利亚海峡威廉岛东南一带，时间是 9 月 9 日。这时，北极的冬天已经到来，小船只得选在避风的水域下锚，准备在此度过漫长的冬季。

约阿港的亲情

在阿蒙森等人来到这片水域之前，这里并不叫"约阿港"，这名字是后来才取的，自然与探险船"约阿"号的停靠有关。

他们在岛上建起了简易的居室和地磁观察室。这里虽处北极圈内，但动物资源相当丰富。天上有飞雁，海里有鱼虾，地上有鹿群。猎捕时，往往海陆空并举，很少空手而归。因此，在这里越冬，食物是不会有困难的。

一天，他们突然发现远处的冰原上蠕动着几个黑影，以为是送上门来的鹿群。大家高兴极了。正准备举枪射击，只听一个队员嚷道："奇怪，这里的鹿怎么两条腿走路！"阿蒙森立即拿出望远镜仔细观

▲ 阿蒙森是世界西北航道的征服者，曾经 3 次率探险队深入到北极地区。

察，原来是披着鹿皮的爱斯基摩人正朝他们走来，手里还拿着弓箭。阿蒙森见状，很快示意大家放下手里的武器，向来人传递友好的信息。大家消除了误会，气氛开始缓和下来。虽然语言不通，但从双方的手势和笑容中，那种友善的情意，彼此都能心领神会。

▲ 阿蒙森一行5人胜利到达南极点，一队员在此留影纪念。

爱斯基摩人是北极地区的土著居民，当时仍处于原始生活状态。他们居住在用冰块砌成的小屋里，靠猎捕野兽和海洋动物为生。对这些外来人的文明生活，他们十分羡慕，特别是枪支的神奇威力，更使他们惊叹。

阿蒙森代表大家赠送的小刀和针线之类的物品，他们都当做珍贵的礼品接收下来，旋即抬来大块大块的肉回赠给水手们，以示礼尚往来。

第二天，几个爱斯基摩人又参观了他们的基地和"约阿"号探险船。同自己的独木舟比较起来，"约阿"号在这伙人的心目中，几乎成了一座奥妙无穷的海上迷宫。临别时，他们用手势向阿蒙森提出了允许他们全族都到这儿来居住的要求。后来，200多名爱斯基摩人果然在探险队的基地附近，用冰块垒起了一排排大小相等、形状相似的半圆形小屋。

▲ 1911年12月14日，阿蒙森历尽艰辛，闯过难关，终于成为人类第一个登上南极点的人。

从此，他们同船员们的交往也更加频繁，更加亲密了。

谁知第二年的春天姗姗来迟，北冰洋的冰层还未来得及溶化，第二个严冬又匆匆地到来了。真是天意难违，他们只得在这里度过了又一个冬天。

1905年，初夏刚过，北极地区的气温便反常地上升，大海显出了她清丽秀美的姿容，换上了湛蓝的夏装。被困达2年之久的"约阿"号就要启航了，船员们不得不同他们朝夕相处、亲如手足的爱斯基摩人挥手告别。那种依依难舍的无限深情，着实令人感动。

振奋人心的发现

北冰洋的解冻期是十分短暂的，加上海上不断涌来的浮冰，给他们的航行设置了重重障碍。阿蒙森小心地指挥着他的航船，在迷宫般的岛屿间穿行。"约阿"号必须抢在这一个半月内闯出迷宫，不然就有可能被坚冰困死在大海里。

一天，阿蒙森站在船头用望远镜探视航向，突然发现一块巨大的浮冰后面驶出一艘渔船。他心里一阵激动，因为在这孤寂冷峻的北极海里，有船从西向东驶来，就说明了一个问题：400多年以来，无数探险家希望打通西北航道的梦想，终于由自己实现了。

▲ 阿蒙森伟大的南极点之行，轰动了整个世界，人们为他所取得的成就欢呼喝彩。

"约阿"号与捕鲸船相遇后，了解到西方海峡里的冰层都已融化，航路通行无阻。阿蒙森决定抓紧时机，日夜兼程，尽快完成极地航程。然而，浮冰又出现了，而且越来越多，北极的冬天又将来临。当驶入侯夫勒岛附近时，海面上又铺上了一层厚厚的冰雪，"约阿"号再也无法前进了。

一个辉煌的起点

在这座无名的港湾里，早已停泊了十几艘船只，"约阿"号也在这里抛了锚。

▲ 1918年6月极地探险船 Maud 号。

这是阿蒙森启航后在北极海域度过的第三个冬天。港湾里天气虽然寒冷，但食物丰富，日子很快便溜过去了。

到了第二年盛夏冰雪消融的时候，已经是8月份了，"约阿"号又驶出了越冬的港湾，穿过白令海峡，满怀激情地去迎接太平洋的风浪。

阿蒙森打通西北航道的梦想实现了，他成为举世闻名的大航海家。后来在加拿大西北部的海域，有一个海湾就叫阿蒙森湾。不过就其一生业绩来说，这次成功，仅仅是他全部事业中的一个起点，然而，却是一个辉煌的起点。

7 北极点上的星条旗

科考队员正在拍摄格陵兰岛上
疑是墓葬的结构（黄永明 摄）。

冰川表面的水塘（黄永明 摄）。

1909 年 4 月 6 日，这是一个难忘的日子。上午 10 点钟，皮尔里率领的北极探险队到达了北纬 89°57′ 的位置，接着，便满怀豪情地向极点冲刺，终于将珍藏达 10 年之久的一面星条旗插到了北极点上。

▲ 皮 尔 里（Peary, Robert Edwin）美国探险家。

皮尔里的新思路

　　1886 年，30 岁的皮尔里怀着征服北极的梦想来到了格陵兰西部与加拿大埃尔斯米尔岛之间的史密斯海峡东岸的一个爱斯基摩人部落。他要像著名的极地探险家南森一样，把这里当做远征极点的实习场所。皮尔里和善可亲，乐于助人，深受部落群众的尊敬。

　　在格陵兰长期的"实习"生活中，他从爱斯基摩人那里学会了丰富的冰上越冬经验，以及意外事件的应急措施。同时，也磨炼了意志，增强了体质，为他即将成行的探险活动准备了必需的条件。

　　皮尔里还从爱斯基摩人冬季越野狩猎中启开了一个新的思路。他寻思，到北极探险的最大威胁莫过于零下几十摄氏度的严寒，而北极点的冬季又是最寒冷的时候。因此，历来的探险家都选在盛夏的冰雪消融之际乘船北上。极地的夏季是短暂的，而且在航行的过程中往往受到浮冰的袭击，容易出现海难事故。所以，每当冬季尚未到来之前，他们又要匆匆赶回基地，或者就地穴居避

▲ 皮尔里对格陵兰进行过多次探测航行，学会了像爱斯基摩人那样生活。

寒，等待来年继续北上。

爱斯基摩人却把冬季当成最好的狩猎季节，他们并不因为严寒而蛰居在冰屋里，结伴远行是常有的事。所以，皮尔里认为，北极探险的最好季节应该是寒冷的冬季，相反，夏季最容易导致失败。因为这时冰雪融化，道路凹凸崎岖，浮冰密集，行动起来十分困难。到了冬季，情况便大大改观了。严寒的气候，只能导致冰面坚固、平滑。封闭得严严实实的海面，没有溶洞和冰裂，乘坐雪橇旅行，既安全踏实，又便于急速推进。唯一的担心就是气候苦寒。然而，这也不是不可逾越的障碍。只要穿上轻便暖和的皮衣，带上充足的高热能食品，就能闯过难关。不过，对他来说，加强体质锻炼和熟练驾橇技术，还需要一段较长的时间。为此，皮尔里在格陵兰岛的冰原上开始了紧张有序的强化训练，包括徒步行进和驾橇急驶。整整3个月过去了，他的冰上活动技巧，便达到了炉火纯青的地步。

不能忘记这面旗

1898年秋，经过整整12年精心准备的北极探险开始了。皮尔里行前，妻子特意为他亲手制作了一面美国国旗，以表示对他寄予厚望。

▼以皮尔里命名的山。

不料，在驶向北极中心区海域的途中，他乘坐的"文德温德"号探险船在格陵兰与加拿大埃尔斯米尔岛之间的史密斯海峡遇到了密集的浮冰，只好就地抛锚。这地方叫德维尔岬，他们便在这里度过了第一个冬天。

▲ 皮尔里与儿子。

这期间，皮尔里曾多次离开基地徒步去富兰克林湾考察，最后一次，由于遇到暴风雪的袭击，要不是 3 个爱斯基摩人的帮助，他早已被饥饿和严寒夺走了生命。

回到"文德温德"号后，他发现自己的脚趾已经受到了严重冻伤，不得不施行切除手术。幸得医生全力抢救，才保留了 3 个趾头。看来，他的北极梦将要彻底破灭了。

1899 年，当"文德温德"号返回祖国时，他沮丧地留了下来。愧疚，使他"无颜见江东父老"，也没有勇气面对他的妻子。于是，他又回到了"实习基地"——那些曾对他情深义重的爱斯基摩人中间。

第二年，皮尔里同他的忠实黑人朋友，在几个爱斯基摩人的引导下，考察了格陵兰的北端，并发现了一块新的陆地。这就是皮尔里岛名称的由来。

1901 年和 1902 年，他又两次向北极进发，都因冰山阻隔或溶洞密布没能成功。特别是最后一次，皮尔里甚至抱定了必死的决心，准备向严酷的自然发动勇猛的进攻。盲动是无济于事的。最后，还是被他的同伴说服，回到了他的第二故乡——爱斯基摩人中间。

后来，屡遭失败的皮尔里在北极一病不起。这时，满载着探险物资的"文德温德"号又驶进了北极，准备在那里建立基地。返航时，心灰意冷的皮尔里被带回了美国。

一到家，贤惠的妻子热情地接待了他，疲惫不堪的皮尔里正准备上床休息，妻子语重心长地告诉他："如果你想在家里休息，可不要忘记我为你制作的那面国旗。"皮尔里十分清楚妻子的意思，亲人的希望和激励使他冷却的心境又重新沸腾起来。

创造北进新纪录

1905 年，皮尔里得到了美国政府的大力资助，登上了特别为他设计的"罗斯福"号探险船再次驶向了格陵兰爱赫塔村。美国的第一个北极探险基地就设立在这里。皮尔里的到来，使村里的爱斯基摩人非常高兴，像接待久别的亲人一样，用传统的迎宾仪式欢迎他。他们还表示愿意当好探险队的后勤兵，为征服北极的崇高事业效劳。

几天后，"罗斯福"号便经由罗布森海峡，驶入哥伦比亚角。从这里

▲"罗斯福"号。

开始破冰前进，到达了赫克尔岬，这里是美国北极探险的第二个基地。

1906年2月，皮尔里从基地派出了一个由爱斯基摩人组成的北进探路队。他们的任务是沿途建立食物储备站，插上路标，以利主力队保存体力，最后完成向极点冲刺的任务。

2个月后，由皮尔里率领的主力队便踏上了征途。开始时，驾着雪橇每天滑行50多千米，几乎没有遇到什么障碍和风险。皮尔里十分高兴。他寻思，如果每天都像这样顺心，那么，不出几天，北极点便将踩在自己的脚下。有时，皮尔里甚至产生一些奇怪的念头，或者说是一种可怕的妒意，他担心如此顺利下去，那些走在最前头的爱斯基摩人可能早已捷足先登了。

然而，他高兴得太早了。3天之后，一名先遣队员返回向他报告了道路被冰流阻断的消息。他们只得原地宿营，等待流水冻结后再向前进。

几天后，探险队又遭遇了暴风雪的袭击，整整10天，他们只能蜷伏在临时搭起的冰屋里避寒。等到风暴停息后，皮尔里走出冰屋，发现眼前的世界几乎完全变了。辽阔的冰原再也看不见了，到处是冰雪，道路一片崎岖。

他默默地沉思着，半晌过去了，终于作出一个艰难的决定：冒险前进。

由于路途坎坷，雪橇行进缓慢，为了减轻重量，队员们不得不从雪橇上下来徒步跋涉。就这样，一连几天，尽管累得精疲力尽，但算起行程来，平均一天不过六七千米。如果按照这样的速度前进，到达极点的时间只能是遥远的将来。何况他们所携带的食物，也不可能支持到他们所指望的胜利的那一天。看来，这次以北极点为目标的探险活动，又将难逃失败的命运。

皮尔里焦躁不安地时而凝视着北方，时而又转过头来遥望漫漫的归途，沮丧的情绪使他的心头沉重，因为他无法向美国政府和解囊资助他进军北极的组织和朋友作出一个交代。

他辗转一夜。一个新的想法占据了他的心头：为什么不去创造阶段性的成果呢？从此，他把自己的注意力转到了刷新北进新纪录的视点上。他当机立断，命令大多数探险队员立即返回营地，只留下好友亨森及几个健壮的爱斯基摩人，组成了一支轻捷的小分队，兼程挺进，4月29日，终于到达了北纬87°6′的位置，刷新了探险家南森保持了10年之久的北进纪录，从而向他的祖国和热心的支持者奉上了第一份礼物。

向新的目标冲刺

刷新北进的纪录并不是皮尔里的最后目标，只有站在北极点上，才是他真正的愿望。他为此已经耗费了半生心血，现在已是五十出头的人了，如果听任岁月的流逝，将给自己造成终生的遗憾。

他回美国不久，便投入到征服北极点的繁忙而紧张的筹备工作中。

他的愿望终于实现了。"罗斯福"号又一次抵达了爱赫塔村。村里的爱斯基摩人一如既往地热情接待了他。这些忠实的朋友，曾经伴随他跨越了千里冰原，协助他取得了令人瞩目的荣誉。现在，他们又将作为探险队的开路先锋，奔向皮尔里一生为之奋斗的目标——征服北极点。

面对这些可爱的部落居民，皮尔里由衷地敬佩。他说："是你们质朴无华的精神，充实了我的全部生命，鼓舞了我的斗争意志。"

"罗斯福"号在富有远航经验、处事谨慎的英国人巴特利特船长的指挥下，绕过了格陵兰和埃尔斯米尔岛之间海峡中的密集浮冰，走完了563千米的航程，终于到达了谢里登角，就地建立北进的基地。

在这里，他们有质量上乘的雪橇，轻暖耐寒

▲1909年，皮尔里与巴特利特船长（Robert Bartlett）在"罗斯福"号。

的皮服，还有 150 吨食用的新鲜鲸肉和海象肉。246 条健壮的北极犬，全都是爱斯基摩人的宠物。他们毫无保留的奉献精神，确实令人感动。

准备工作进行得十分顺利。皮尔里开始调兵遣将了。他将 24 人组成的探险队分成 6 个分队。除由他亲自领导的一个分队担任主攻任务外，其余都负责辅助和后勤工作。

开路分队走在最前面，成员大都是爱斯基摩人，因为只有他们最富有北极生活和处理冰上意外事故的经验。

1909 年 2 月 22 日，由皮尔里和他的助手亨森以及 4 个爱斯基摩人组成的主力队，

▲ 皮尔里记录到达北极点的日记。

由 133 条爱斯基摩犬分别拉着 19 架雪橇，满载用品和食物，奔上了银妆素裹的莽莽冰原。

行程是十分艰险的。为了保证主力队在最后冲刺时有健康的身体和充沛的精力，很多繁重的工作都由后勤队承担。

遇到冰障时，开路队便用鹤嘴锄在陡峭的冰块上开出小道，然后让主力队通过。

第二天中午，皮尔里的分队遇到了一条 400 米宽的冰间水面，接着暴风雪又猛烈地向他们袭来。被阻在南岸的主力队只得就地宿营，等待渡水时机。两天后，风雪停止了。值得庆幸的是，宽广的水面竟结了一层约 30 厘米厚的薄冰。按照常规，让负载沉重的雪橇通过是非常危险的。但是，皮尔里没有犹豫，他决定冒险闯到对岸，果断地下达了前进的命令，终于安全地通过了这片 400 米宽的危险路段。

此后的道路逐渐平坦。主力队开始了超强度的急行军。一连几天，由于睡眠时间减少，加上跨越冰障时的折腾，大家的体力消耗很大，情绪焦

▲ 1909 年的皮尔里。

躁不安。皮尔里不得不调整作息时间。当他们赶上开路队后，便放慢了前进的步伐。

4 月 1 日以后，已经离极点很近了。巴特利特领导的开路队受命返回了基地，只留下皮尔里、亨森和 4 名爱斯基摩人。他们将最后完成向北极点冲刺的任务。

真是天随人意，那天，碧空万里，阳光灿烂，微风习习。队员们一个个欢呼雀跃，他们多么盼望这样的天气能够持续 3 天。为了尽量避开极地的不测风云，皮尔里作出决定：每天至少前进 40 千米。

去极点的最后旅程是崎岖突兀的，既滑又险，还可能碰到意想不到的障碍。所以，每天要走完预定的路程是很困难的。

果然，第一天就遇到了麻烦，一条巨大的冰障挡住了前进的道路。经过仔细探测，始终没有找到可以通行的缓坡。他们只得拿起镐锄，劈障开路。奋战了整整一天一夜，才算闯过了难关。行不多远，前面又横着一条冰间水流。皮尔里急得一筹莫展，还是富有冰上生活经验的爱斯基摩人想出了凿冰作筏的新招，才把他们安全地运送到了对岸。

4 月 6 日上午 10 点，主力队到达了北纬 89°57′ 的位置。他们在这里停了下来，进行了短暂的休息，咽下了几块鲸肉，喝了几瓶啤酒。随后，皮尔里测定了方位，深情地望着大家笑了一下，便下达了向北极点最后冲刺的命令。顿时，雪橇拉开长长的队伍，箭一般地飞向前方。很快，皮尔里率领的探险队终于将那面由他妻子亲手制作的星条旗，插上了北极极点的冰堆。

一个历史的疑案

皮尔里等人在北极极点滞留了 30 小时后，便满怀欣悦地踏上了归途，回到了"罗斯福"号探险船上。9 月 5 日到达了加拿大拉布拉多半岛的印第安—哈尔波尔。在那里，皮尔里发出一份著名的电报："星条旗已经飘扬在北极点上。"

不久，他回到了美国，发现人们正沉浸在一片狂热的欢庆声中，只是荣誉没有落在自己头上，却为他的同胞科克所拥有。

原来，和皮尔里一样，科克也一直在追求着一个崇高的目标——征服北极极点。

1908 年 3 月 18 日，科克只带了两名爱斯基摩人、一驾雪橇和 26 条狗，向北极极点进发。他行前没有接见任何记者，没有发表任何声明，可说是一次悄无声息的秘密行动。这次探险，总共花了 35 天，于 4 月 21 日胜利到达了极点。

科克在返回格陵兰的途中整整延宕了一年的时间。他把航海仪器和有关资料、日记都密藏在土拉附近的一个地方，准备日后运回美国。当他走到挪威海域设得兰群岛的一个港口时，便用电报向《纽约先驱论坛报》发出了到达北极极点的消息。于是，科克便成了名噪一时的探险英雄。

然而，科克的成就很快遭到了皮尔里俱乐部的攻击与非议，因为科克的材料远在他乡，而且以后也没有找到，所以受到了社会舆论的谴责，一筹莫展的科克只好悄然离开美国远走异邦。

皮尔里由于出示了自己的探险笔

▲ 科克（Frederick Cook，1865—1940）。

记和其他证据，被国家地理协会确认为第一个征服北极点的人，后来美国国会还作出确认皮尔里是第一个到达北极点的决议。

看来，事情已经就此了结，然而，在极地探险史上销声匿迹的科克，近来又被人们重新关注起来。他于1908年作的关于极地探险报告中第一次描述的许多现象，已被现代科学，特别是人造卫星照片证实。那么，到达极点的争议，是不是又会成为探险家们的热门话题呢？

8 孤身独胆闯北极

→ 单车千里走冰原

→ 他站在北极点上

一个结构奇特的冰山
（黄永明 摄）。

北冰洋上的浮冰与冰川边缘（黄永明 摄）。

人类本来就是一种群体动物。自从地球上出现了人类，人类社会这个特殊的群体便诞生了。有了它，软弱的个体才能获得力量，世界才能变得宽广，生命也才能绵延不断。

我们不难设想，在远古时代，人类祖先远离群体后，就会得到怎样悲惨的结果。即使到了科学技术高度发达的今天，如果有人胆敢单枪匹马，闯入地球的蛮荒地区，而且奇迹般的活着回来，那也将是一件不可思议的事情。然而，在20世纪的极地探险潮中，就有过这样的孤胆英雄。

单车千里走冰原

他根本不是一名探险家，从来也没名正言顺地冠上"探险"二字的辉煌经历。从严格的意义上说，就连业余探险家的头衔也没有同他的名字连在一起。他叫格列布·特拉温，苏联一位年轻的电气技师。第一次世界大战中，格列布应征入伍后，曾钻研自然科学，后来到了远东参加堪察加半岛的电站建设工程。

在这里，一个偶然的机会，他看到了一本有关北极探险的书籍。从此，一个想入非非的念头闯进了他的脑际。特拉温对自己健康的体魄充满了信心，加上多年来积累了有关地理、动植物、地质等学科的知识，他想：自己已经具备北极探险的基本条件了。为了实现理想，他还利用工余之暇，深入到岛上的渔民中，了解有关冰上生活的知识。

1929年秋季，他所在的电站因冰冻而停止施工。在长达半年之久的休闲期间，特拉温决定将自己早已酝酿成熟的探险计划付诸实施——单人骑车闯北极。

这次计划是秘密进行的。因为按照规定，在停工期间，工地的建设者们要集中接受政治和业务培训，擅离岗位的人员，将会受到严厉的处分。可以想见，特拉温的行动是孤立无援的。他除了一套防寒的皮服和一辆载重的自行车外，别无其他探险装备。然而，北极冰原的巨大诱惑和实现理想的坚定信心，使他忘记了这次冒险的严重后果，因为事实上，它只是一次死亡的旅行，一次用生命押上的赌注。

这位执著的年轻人，终于毫不犹豫地踏上了北去的征途。

1930 年早春，他的自行车到达了新地岛海岸西部的冰原上。狂暴的北极风雪几次将他从车上掀下来，道路越来越艰险崎岖，骑着车子再也无法前进了。特拉温只得从车子的后架取下特制的折叠多用雪橇，把自行车平放在上面，一步一步地拖着赶路。到了晚上，便将一把刀子深深地插在冰缝间，用绳子连车带人一起拴在上面，以抵御狂风的肆虐。直到第二天午后，风力才逐渐减弱。他趁此机会便搭起一间小小的冰屋，将松软的雪末扒在一块，垫上一块毡子，便甜甜地睡了起来。

几个小时后，一阵冰裂的噼啪声将他惊醒，顿时，一股彻骨的寒流漫进了他的冰屋。他知道，如不及时转移，海水将很快浸透他的"营地"。特拉温警觉地站立起来，敲打身上和脚上的坚冰，立刻拖着雪橇蹒跚地上路了。

不久，他听见远处传来清脆的狗叫声，循声望去，一座黑色的兽皮帐篷清晰地映入他的眼帘。特拉温紧锁的眉头顿时展开了。他觉得眼前的这个黑色就是一座灯塔，一艘生命的航船。

一位和善的涅涅茨老人热情地接待了他。他吃了新鲜的鹿肉，还喝了鹿血，僵直的四肢很快开始灵活起来。临行时，老人还用雪橇远远地送了他一程，并赠给他干肉，以备旅途充饥。

北极的春天终于到来，使他大开眼界的是北极也有盛开的鲜花、鳞松、地衣、苔藓等象征生命活力的苔原植物。

他骑在自行车上，欣赏美丽动人的北极风光，开心极

▲涅涅茨人，是俄罗斯原住民族群之一。

了。这些天来，他日行70多千米，自行车的优势得到了充分的发挥。

电站开工的日子到了。目的还没有达到，特拉温不能让自己的理想中途破灭。

继续北行的道路越来越艰险，"铁了心"的特拉温哪里顾得上这些。至于食物的短缺，他早有思想准备和解决办法。还是出发以前，他就从工地附近的渔民那里

▲ 传统的涅涅茨人以驯养驯鹿为生，但他们现在面临着气候变暖和生态开发的威胁。

学会了从冰缝中钓鱼的方法。一条大鱼，就够他吃上几天；捕捉北极狐也是他的拿手好戏。几个月来，他就靠渔猎补充食物。

从此，他一日两餐，骑车8小时左右。其他时间便用来猎捕小兽、安排住宿、写作探险实录。

1930年10月，他在横渡中西伯利亚太梅尔半岛皮亚西纳河时，由于冰层很薄，急驶的车子滑落河心，差点丢了性命。

他终于到达了安全地区。这时，他结实的身体已经十分衰弱，挪动一步都困难。幸亏一位涅涅茨人将他带进了自己的家里。

至此，特拉温的冒昧旅行便画上了句号。他没有受到热烈的欢迎，更没有受到政府的奖励，有的只是一颗自我满足的纯朴的心。虽然他没有站在北极极点上，但他进行的确实是一次完全没有得到任何人支持的颇具传奇色彩的北极之行，给人们留下了深深的钦羡之情。

令人啼笑皆非的是，当这位勇敢的技师回到堪察加电站时，却因擅离职守受到了严厉的处分；几个小时后，领导又簇拥着他，走上了报告北极探险经过的讲坛……

他站在北极点上

1978 年 2 月，位于加拿大最北端埃尔斯米尔岛上的"极光"基地，住进了一位名噪全球的日本探险家植村直己。他将从这里出发，实现一个美妙的梦想——单枪匹马闯北极。

在大学里，植村是农学系的学生。一次偶然的机遇，将他卷入了探险者的行列，从而改变了自己的人生追求。

在他的探险生涯中，虽然有过极地旅行的纪录，但从严格的意义上说，那只是徜徉在极地的边缘地区，而且同行的还有其他伙伴。面对着眼前的冰雪世界，他必须认真对待，决不能掉以轻心。为此，在白雪皑皑的埃尔斯米尔岛的冰原上，植村进行了雪橇驾驶技术的紧张训练。

3 月 5 日凌晨，他一切准备停当，再一次乘机飞抵哥伦比亚角海岸。这里乱冰嶙峋，寒风呼啸，气温非常之低。下午 3 点，在北纬 83° 1′、西经 71° 8′ 的地方，迈开了他向北极进军的第一步。

这里冰丘连绵，植村必须敲冰辟路，雪橇才能顺利通过，因而进展缓慢。

翌日，北极的暴风雪发作了，而且一连几天没完没了，这时，他只得躺在临时搭起的冰屋里，过着吃吃睡睡的寂寞生活。

8 日的夜晚，一件令人毛骨悚然的事情发生了。正在睡袋里打呵欠的植村，突然听到一阵急促的脚步声。映着雪光，他看见一个浑身白毛的庞然大物站在冰屋的前面。那是一头白熊。不久，雪橇上装盛食物的木箱便被哐啷哐啷地掀到了地上。植村吓得屏住了呼吸，额角上冒出了冷汗。他想，如果那些干肉不合它的口味，自己准会成为它的美味佳肴。他下意识地握紧枪柄，准备在必要时同它搏斗。白熊大概是吃够了吧，不一会，它便

▲ 植村直己(1941—1984)，日本探险家。

大摇大摆地走出了帐篷。

谁知到了第二天晚上，白熊又来骚扰了。早有防备的植村立刻钻出睡袋，扣响了猎枪的扳机，这头贪得无厌的野兽被击毙，成了植村的补充食物。

3月14日，狂暴的风雪总算停止了，计算行程总共还不足30千米。10天以后，植村的雪橇开始进

▲植村直己，第一个站上世界最高峰珠穆朗玛峰的日本人，也是世界第一个成功攀登五大陆最高峰者。

入了一片平坦开阔的地带。他高兴极了，随着欢快的鞭声，狗群在雪地上飞速地奔跑起来。不料，一条冰间水流挡住了他的去路。植村只得停止前进，就地宿营，等着水流冻结。整整一天过去了，他的雪橇才得以安全通过。

以后的道路便顺利多了。但是，由于北冰洋上的冰盖，受到风向和洋流的影响，总是在缓缓地漂流着。运动时的挤压和震动，造成冰块的不时断裂。这种现象，越是接近极点，情况就越显得严重。

4月17日的夜晚，令人惊悸的冰裂声响彻云霄，他心惊肉跳，整夜不能入睡。他走出冰屋，惊奇地发现周围垒起了错叠的冰丘，旁边竟有一条30厘米宽的冰缝。面对眼前的一切，植村简直惊呆了。他来不及考虑长远的计划，甚至也忘记了吃块烤熟的熊肉，立刻逃离险境。

趁着浮冰断裂减缓的间隙，他迅速跨上雪橇，挥动手中的皮鞭，吆喝着狗群成功地逃到了前方一座冰岛上。随着载体的不断缩小，海水已经漫到了冰上，他的人身安全失去了依托。这时，植村想到了用无线电向基地发出求救的信号，但是，远水救不了近火，只得听天由命了。

正在这时，他注意到浮冰中夹着一个三角形的小岛，如果能逃到岛上，便可以顺利地闯过这片冰层断裂区。

想到这里，求生的强烈欲望促使他当机立断，宏亮的吆喝声夹杂着愤怒的斥骂声，惊恐的狗群，一阵狂奔，奇迹般地跃上了那座小岛。植村终于得救了，他定了定神，将一桶熊肉倒在地上，犒赏立功的犬群。

不久，他的雪橇又行驶在白雪皑皑的冰原上。这里是比较坚固的冰山地带，不过道路十分崎岖，行进依然十分困难，但每个障碍都被他成功地逾越了。

4 月 29 日上午，他用方位测定器和天体测定仪测量了纬度，发现自己已经处在北纬 80°48′ 的位置上。凭着感觉，他知道离北极点不远了，或者就在自己的脚下。

早在 3 月的最后几天，北极中心的永昼现象便已开始，长驻极空的太阳给他的观测提供了有利的条件。经过各种数据的反复研核，植村满怀激情地拿起收发报机，准备向基地发出自己已经站在北极点上的喜讯，然而，由于磁场的干扰，他的声音无法传送出去。

北极点上，终于第一次插上了日本的国旗。

植村成了历史上单枪匹马站在北极点上的第一位英雄。他的成功震惊了整个世界，从而赢得了 1979 年 "世界上最勇敢的运动员" 称号，同时，英国维多利亚体育俱乐部也将"国际体育运动勇敢者"的桂冠戴到他的头上。

◀ 为了横越南极这终极目标，他先后完成了徒步纵走日本列岛 3000 公里、格陵兰 3000 公里的单独雪橇之旅，北极圈 12000 公里的单独雪橇之旅、世界最初的北极点雪橇单独行，以及雪橇纵走格陵兰、攀登严冬期的阿空加瓜山等活动。

9 人类意志的再检验

北极夏日的海上气温（黄永明 摄）。

时间进入了 20 世纪 80 年代，由于科学技术的飞速发展，人们和极地的距离越来越近了。以往需要几月、几年，甚至永远也无法走到的地方，现在只需几个小时、十几个小时便可以奇迹般地打上一个或几个来回。这期间虽然不乏意外事故的发生，但比较本世纪以前的任何一次仅凭意志和毅力的探险活动，便有了更多的安全感，而且取得的成果也远远超过他们的前人。

20 世纪 80 年代中期，一支由 7 名男性和 1 名女性组成的北极探险队，依然采用古老的探险方式，乘坐狗拉雪橇，历尽千辛万苦，终于到达了北极极点，实现了人类意志的一次严峻的重新检验。事实证明，他们无愧于自己的先辈。

宣誓起程

直升飞机平稳地降落在北极圈的边缘上。探险队队长斯蒂格迈着稳健的步伐率先走出机舱。望着那莽莽的雪海冰原，他心潮起伏，感慨万千。多年来令他魂牵梦绕的北极之旅，终于迈开了第一步。

上午 9 点整，他集合全体队员，举行了简短庄严的宣誓仪式。誓词中，除了表达他们的坚强决心外，还有这样的内容：在行进途中，不管遇到多大的风险和障碍，都不能依靠飞机来帮助，也不能从外界获得物资补给，甚至拒绝接受无线电的信息，包括在

▲ 远看加拿大的埃尔斯米尔岛（黄永明 摄）。

迷失路径时帮助他们。

队长一声令下，队员们立即行动起来。49 条训练有素的爱斯基摩狗，在欢快的吆喝声中分成 5 队，拉着满载物品和人员的雪橇，像一列奔驰的火车，消失在茫茫的雪海冰原里。

现实比他们预想的更加残酷。这里丝毫没有浪漫的情调，也没有迷人的诗情画意，有的只是砭人肌骨的严寒和崎岖坎坷的冰堆。

碰到难以逾越的障碍，他们只得跳下雪橇，人狗并举，前拉后推，直到精疲力尽，才能前进几步。有时还得抬着雪橇爬过冰坡，累得大家苦不堪言。

在无休止的折腾中，队员们终于度过了出发后的第一天，计算里程，还不足 3 千米。

夜晚，他们挤宿在冰冷的帐篷里，寒气就像一根根尖利的针芒，刺进每个人的肌体。为了防止随时可能发生的冰面破裂，队员们只能穿上衣服睡觉，以便必要时迅速转移。

在严寒的恐怖中，很多人一夜没有合眼。没有往日的乐观情绪，有的只是对前途的疑虑担忧。

他们从誓词中吸取了力量。既然迈开了第一步，往后的路途尽管十倍艰险，也没有退缩的余地。何况这是一条前人已经走过的路，尽管他们的成功不乏机遇，但作为后继者，即使牺牲生命，也不能给自己脸上罩上阴影。

漫漫征途

"进展确实太慢了。如果按照这样的速度前进，恐怕我们永远也无法走近极点。"斯蒂格沉思着，一夜未曾入睡。

第二天早晨，经过简短的动员，他将队员分成两组，一组向北探路，一组押着物资慢行。

北极的暴风雪是频繁的，几乎很少间断的时候，因而行程十分艰苦。

▲ 宁静的海面（黄永明 摄）。

加上雪橇的载重量大，道路崎岖，队员们体力消耗很大。经过 4 天的跋涉，总共才北进了 16 千米，便已有人负伤，有人疲惫不堪了。37 岁的罗伯特，一位体魄健壮的荒野技术教练，在行进途中不慎从雪橇上摔下来，撞破了鼻子，加上寒冻，造成肌肉坏死。还有的队员呕吐、腹泻。35 岁的生物学家杰夫手指烂得鲜血直流，不能屈伸。大家都默默地忍受着，没有一个人情绪低沉、抱怨或泄气。

10 天以后，他们进入了剪切地带，这里冰脊连绵，陡峭难行。大声的吆喝、叱骂，甚至鞭子的抽打，对狗群都不起作用了，看来依靠狗的拉力已经不能逾越眼前的障碍。他们只得跳下雪橇，卸下装载的大部分物资，让狗群拉着空橇走上平坦的道路，然后停下来再将卸下的物资搬上去。几天来，队员们都是这样来回穿梭，疲于奔命，一天要走几天的路程。

就在这关键时刻，一件意外的事情发生了。探险队的主力队员罗伯特乘坐的雪橇在行进途中突然翻倒，沉重的装备压在他的胸上，致使肋骨严重损伤，行动困难。为了顾全大局，他只好含着眼泪，退出探险队的行列。

陷入迷津

在被称做雪橇克星的"冻干玉米雪"的地区，为了克服冰面粗糙引起的极大摩擦力，斯蒂格断然决定扔下大部分装备，减轻雪橇重量，才通过了这一地区。

然而，情况并没有因此而出现新的转机。横在前面的是一条又一条不见尽头的冰脊。在这大自然的迷宫里，他们转来转去，越陷越深。正当大家一筹莫展时，只见前面侦察道路的杰夫激动不已地奔过来，大声叫嚷着，报告一个令人振奋的消息："前面有路了，快！冲过去！"

果然，越过一个低矮的冰脊后，便是一条刚刚冻结的巨大水道，远远望去，像一条宽阔的白色玉带，一直通向遥远的北方。雪橇滑行在上面，轻松平稳，行走如飞。不到一个星期便前进了200多千米。

就在他们进入北极的第四十五天下午，这条光滑的冰道突然"向东流去"，艰险的道路又重新展现在他们面前。为了迎接未来的挑战，斯蒂格命令就地安营，养精蓄锐。两天后，由他率领的突击队轻装前进。经测定，如果旅途顺利，估计只须一个星期，便能到达终点。就在这时，一件意想不到的事情发生了。他们随带的六分仪发生了故障，无法准确测定方向。这对探险者来说，是一件大事。在这茫茫的雪海冰原中，它好比是一双探路的眼睛。差以毫厘，失之千里。没有它，人们便会陷入迷魂阵中，任凭你东奔西窜，也难以走到极地。事实上，他们已经折腾得晕头转向了。

这时，一架加拿大的飞机从低空掠过，发现了探险者的踪迹。通过电报，询问他们是否需要援助。陷入困境的人们心里十分清楚，此时此刻，他们最需要的是精确地指明方向。然而，庄严的誓词提醒他们：不管遇到多大的风险和障碍，都不能依靠飞机来帮助逾越……于是，他们谢绝了驾驶员的关心，决定依靠自己的智慧和毅力，去寻找一条通向成功的道路。

从此以后，他们只得利用难得见面的太阳，来确定前进的大致方位。然而时间长了，就难免出现偏离目标的现象。这时，他们就得停止前进，等到太阳再次露面后加以修正，才能继续前进。尽管这样，队员们的心里仍然惴惴不安，深恐出现意外，造成功亏一篑的结局。

黎明之前

风越刮越猛，满天飞舞的大雪搅得天昏地暗。狗也累得精疲力尽，其中两条已经倒毙在冰雪中。谁都知道，如果继续盲目前进，势必造成难以预料的后果。在这紧急关头，经过商定，他们找到一处避风的冰面安顿下来，一面修整，一面研究对策。幸运的是，经过整整一天的努力，保罗终于将六分仪修好了。大家喜出望外，第二天，重新校正方向，才发现前几天他们只是在一片10多平方千米的面积上，兜了几个大圈，实际上还在原地徘徊。

经过一番周折后，雪橇又开始滑行在北去的道路上。到了第五十五天，离北极点只有11千米了。胜利的曙光已经显露，即将成功的强烈刺激使大家兴奋不已。然而斯蒂格的面部表情却出人意料地严肃、冷峻。早在出发之前，他便从有关北极探险的资料中，获悉极点周围的冰层状况。特别是那些宽阔的冰间水流，可能造成逾越的障碍。为此，他号召大家：必须作好充分的精神准备，以迎接黎明前的战斗。

果然不出所料，行不数里，一条宽阔的冰间水流便横躺在他们的面前。斯蒂格命令就地宿营，等待冻结后发起最后冲刺。这天夜里，他们7人围坐在临时搭起的餐桌旁，饱吃了一顿干肉，喝完了最后两瓶白酒。

夜深了，帐篷里响起了香甜的鼾声。突然，一阵噼啪的爆裂声从不远的地方传来，惊醒了大家的美梦……不过，此后便寂静下来，除了呼啸的寒风外，再也没有别的什么动静了。

第二天起来，斯蒂格惊奇地发现他们已经处在一块巨大的浮冰上了。"啊！原来如此！"他想起了夜晚传来的爆裂声。

幸运的是，这块巨冰是在缓慢地移动，到了下午，便横亘在水流上，形成了一座宽阔的冰桥。队员们高兴得不约而同地跳跃起来，欢呼声响彻了北极的云天。5月2日，随着一声"出发"的口令，队员们像一支支离弦的箭，向终点发起猛烈的冲刺。

9点40分，斯蒂格已经率先站在北极点上了，跟在他后面的是杰夫、保罗、布伦特……

为了庆祝冲刺的胜利，他们用猎枪代替礼炮，顿时，冰海上响起一阵阵噼啪声……

尽管斯蒂格等人的探险在人类历史上不是开创性的壮举，但仍然具有强烈的挑战意味。他们依靠古老的装备，不借助任何外来的帮助，走完前人冒着生命危险开辟的道路。这决不是历史的简单重现，而是在新的技术条件下，对人类意志的一次重新检验。

10 南极寻梦的先驱

据说，库克是在一次与夏威夷土著的混战中丧生的，他的尸体惨遭肢解。

近几个世纪以来，人们一直深信：在南半球浩瀚的大海中，有着一块神秘的大陆。为了寻找它的踪迹，早期的航海家曾为此付出了艰苦的努力和英勇的牺牲。尽管这种尝试受到种种条件，特别是科学技术发展水平的限制，未能取得突破性的进展，但他们的奋斗则反映了科学发现的一般规律：吸取前辈所做的一切，然后再往前走。在寻找南方大陆的伟业中，他们光荣充当了那些后继者的"前辈"，成为整个过程中不可或缺的驿站。如果没有他们的勇敢探索，人们对这块神秘的大陆，也许会更加陌生，至少在一些领域内还会处在极度难堪的愚昧与无知中。因此，前辈的丰功伟绩，是值得我们深深景仰的。

库克首航南极圈

在地球的南端，有一块未被人类发现的大陆。这是根据托密勒的地理学理论确立的判断。当时，人们给它取了一个假想的名字，叫做"澳斯特拉利斯地"。

16世纪70年代末期，弗朗西斯·德雷克受英国女王伊丽莎白的派遣，率领一支由"金鹿"号等3艘航船组成的船队，出海远征，企图找到这块陆地。他们穿过麦哲伦海峡后，便驶进一群星罗棋布的岛屿，而岛屿的南方则伸展着一望无涯的茫茫大海。由此，德雷克认定，所谓"澳斯特拉利斯地"只是传说而已，真正的南方大陆是根本不存在的。

此后，寻找南方大陆的梦并没有因为德雷克的断言而破灭。100年以后，詹姆斯·库克便成了一个名副其实的南极寻梦者。

1768年，受英国海军部委托，库克乘

▲伊丽莎白女王。

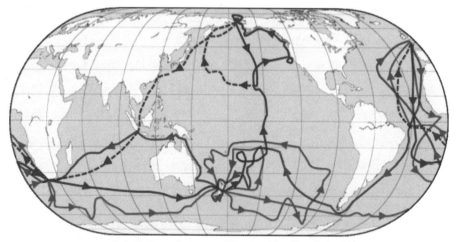

▲ 库克的第一（红）、二（绿）和三次（蓝）航海路线。

坐"果敢"号独桅船离开了普利茅斯港。名义上，这次航行的目的是运送一批天文学家到太平洋上的塔希提岛（现属法国），去观测一次十分难得的天文现象。然而，库克的秘密使命是寻找那块未知的大陆，调查那里的土壤、物产、牲畜和家禽，以及丰富多样的水产品，还有各种各样的矿产

▲ 少年立志探险的库克。

或珍奇的宝石。总之，要将那里的一切调查得清清楚楚。

可见，殖民者对这块尚未确定的大陆的存在早已深信不疑了，而且将它想象得那样美好，几乎成了一块物阜民丰的宝地。

1769 年 6 月 3 日，航船到达了塔希提岛。在这里进行了天文观测，接着便遵照海军部的密令，继续向南航行。10 月的一天，"果敢"号驶进了新西兰。这是一座美丽的岛屿。远远望去，只见山峦葱翠，绿草如茵，溪流在田野里欢快地奔驰，白云在蓝天上悠闲地飘扬。船员们高兴极

了，以为这就是他们要寻找的南方大陆，但库克却表示怀疑。为了弄清真相，他决定沿着岛屿的海岸线航行一周。几乎花了半年时间才走完了 400 千米的航程。这期间，他画出一张清晰、准确的新西兰群岛地图，证实新西兰确实不是南极。

后来，库克又到达了澳大利亚东海岸，航行了 2000 多千米，曾 3 次登陆考察。在约克角外的战胜岛，他面对着浩瀚的大海，倾听着雄壮的涛声，回想起几年来自己艰险而悲壮的经历，不禁心潮起伏，感慨万千。为了表示对威尔士王子的敬意，他庄严地将南纬 10° 的占有岛至南纬 38° 的澳大利亚东海岸地区命名为"新南威尔士"。

库克在岛上逗留几天后，向西朝着与新几内亚岛之间的托雷斯海峡方向航行。穿过海峡便进入了阿拉弗拉海。1770 年 11 月，"果敢"号抵达巴达维亚（即现在印度尼西亚的首都雅加达）。就在这时，一场瘟疫在船员中蔓延开来，库克只得下令回国。

库克这次考察历时 3 年，取得了不少的成就，给世界地图增加了 8000 多千米的海岸线。特别是他的新发现曾轰动英国朝野，同时，也大大刺激了人们想更多了解"南方大陆"的欲望。不过，在很多人眼里，库克的发现并不能证明"南方大陆"确实存在。

为了解开这个地理之谜，1772 年 7 月，英国海军部又一次派遣库克率领两艘探险船远航。他乘坐的"决心"号旗舰，重 462 吨；另一艘由他的助手弗尔诺领导。船上装有天文钟、六分仪等先进航海仪器。

这次，他的探险队一直深入到了南太平洋南端，进入了南极高纬度的冰山地区。在那里，他们以无比激动的心情，欣赏了南极圈内晶莹美丽的冰雪世界，目睹了冰山撞击时惊心动魄的场面，也曾多次在风暴和冰块的袭击中死里逃生。

库克历尽了千难万险，几次驶入南极圈内。由于冰障越来越多，实在无法通过，而寒冷的冬天就要来了，如果再向南航行，后果将不堪设想。库克的船队到达的最南位置是南纬 71° 11′，但是，他始终未能找到那块未

▲ "决心"号和"冒险"号。

知的大陆。

　　1775 年，库克回到英国，虽然他公开宣布了一个令人扫兴的结论："未知南方大陆一直伸延到南极圈北部的假说并不成立。"然而，这恰恰是他能够超越以往探险家，探索南方大陆的又一杰出贡献。

　　除此之外，他还证实了人们对未知大陆的美好想象是不切实际的。库克断定，南极大陆即使存在，也将是一块寒冷的不毛之地，在经济上不会有什么价值。

　　这些看法虽然有些偏颇，但对那些力图抢先发现并占有这块未知陆地的西方殖民

◀ 伦敦的库克雕像。
◀◀ 夏威夷岛上的库克雕像。

者来说，却是一个毁灭性的打击。

库克是第一个闯入南极圈的探险家，是南极探险者的先驱，是他，吹响了向南极进军的号角。

俄国人功亏一篑

库克航行以后的 50 年间，南方大陆的寻梦热开始冷却下来，几乎没有什么专门船队去南极考察。

直到 1819 年，随着俄国在西伯利亚进军的成功，沙皇的海军舰艇便开始在世界各地游弋了。7 月 16 日，亚历山大一世派出以别林斯高晋和拉扎列夫为头领的两艘舰船，组成了一支精干的探险队，悄悄地驶向了南极。

据称，他们的探险队担负着纯科学性质的考察任务。然而，就在这次航行中，别林斯高晋有着一个意外的收获：差点发现了几个世纪以来令人魂牵梦绕的南极大陆。这年 11 月，船队驶抵了南美的里约热内卢（在巴西大西洋沿岸），一个月后，他们登上了南极圈内的南乔治亚岛，考察了这个岛屿的西南海岸，接着向东南航行，到达了库克发现的桑德韦奇之地。这块陆地后来被别林斯高晋易名为南桑德韦奇群岛。俄国人首次确定了这个群岛与大西洋西南部其他岛屿和礁石岛的联系，并首次指出这里有一条海底火山带，位于南纬 53°~60°，并在大西洋海区延伸了 2500 多千米。

1820 年 1 月 15 日，在离极地较近的一个小岛上，别林斯高晋等上了岸。这地方叫南图勒，是库克命名的。

接着，他们绕过一座巨大的冰山朝东急驶，26 日，船队首次越过了南极圈。两天后，他们突破了浮冰的重重包围，几乎要靠近南极冰雪大陆一个东北突出角的海岸线了。

这年夏季，俄国的"东方"号和"和平"号先后两次驶入南极圈内，曾竭尽全力企图靠近南极大陆，但是始终未能推进到理想的地方。后来他们又一次向南极大陆冲刺，路经马库奥里岛，继续向南航行。直至 12 月中旬，

一场强烈的风暴，阻挡了他们的去路，同时也挫伤了他们的锐气。

经测定，这次航行最远到达了南纬 69° 25′ 的地方。

别林斯高晋在 1819 年 12 月—1921 年年初的一年多时间里，完成了继库克之后的第二次人类环绕南极的航行，首次穿越南极圈内的海域。将搜寻南极大陆的范围缩小到了史无前例的最小范围。其实，由他发现并命名的亚历山大一世岛与南极半岛已经紧紧相邻，并且通过厚厚的冰层与半岛连在一起。然而，功亏一篑，他仅仅看到了大陆朦胧景象后就返航了。

帕尔默的寻金梦

南极水域丰富的动物资源，特别是海豹和鲸鱼的大量存在，在库克的探险报告中，曾有过精彩的描述。这些诱人的哺乳动物，实际上是财富的象征。

为了攫取它们，英国和美国的捕猎船一时间纷纷来到南极海域，希望在这里找到发财的机遇。

大约在别林斯高晋南极之行的同时，由布兰斯菲尔德率领的英国船队和由谢菲尔德率领的美国船队，也对南极进行了访问。他们的航行路线集中在南极半岛地区。

1820 年 11 月 17 日，一位年轻的美国海豹猎手，指挥着一艘小型的海上捕猎船，驶入了这个充满了死亡和幻想的地区。他就是著名的纳撒尼尔·帕尔默船长。这个年轻人有着强健的体魄，敏捷而聪慧的头脑。他深信，在那片严寒的海域，确有一块未知的陆地。如果找到了它，不仅可猎捕到成群的海豹，甚至还可以装回大块大块的黄金。

帕尔默的计划并未得到公众的支持，人们用嘲笑和冷漠送走了这位美国的年轻探险家，他的"英雄"号小船很快驶入了南方的大海。

不久，严酷的现实使他逐渐清醒过来。展现在面前的除了蓝天和海水以外，便是远处林立的冰山。不要说黄金，就连海豹的影子也没有见过。

几天后，他们在淡淡的晨雾中似乎发现了一群模糊的黑影。帕尔默高兴得大叫起来："快，加速航行。"他伸长手臂，指示着前方，以为那些斑斑点点的黑影就是成群结队的海豹。后来才逐渐看清，这些黑影只不过是一群珊瑚小岛。

船员们沮丧极了。然而复活的寻金梦使帕尔默勇气倍增。船靠岸后，他率领船员整整在冰雪中刨了几天，除了几块普通的石头外，一无所获。愤怒的船员再也无法忍受了，他们胁迫船长调转了船头。

就在这时，帕尔默在单筒望远镜里看到了一幅振奋人心的画面：广阔的灰色地表上，横亘着连绵起伏的山脉，展现出重迭的冰层和苍凉的景色。

他想，如果不是梦境，那么，我们将成为一颗闪亮的明星。思维敏捷的他，立刻把眼前的发现同归国后的荣誉、奖赏联系起来。

帕尔默紧绷着的脸开始露出了笑容。他站在船头，大声地对大家说："去吧！那是块属于美国的土地，正等待着我们去宣布占领。到时候，政府会发给我们许多黄金，大家再也不必冒着生命危险去猎杀海豹了。"

新的希望，再一次鼓舞着船员们启锚前进。这时，大雾越来越浓，"英雄"号迷失了方向。在大海中闯荡了约半个月，再也无法找到那块曾经勾起人们美好幻想的陆地了。这时一个偶然的机会，他们同俄国别林斯高晋的船队在冰封雪锁的南极圈相会。

这次航行，"英雄"号一直开到了南设得兰群岛附近的地方，发现了南美洲最南端的合恩角以南有一块陆地，那就是今天的南极半岛。

谁先发现南极大陆

关于谁先发现南极大陆的争论，已经持续一个多世纪了。

俄国人一直坚持别林斯高晋的船队首次

▲ 帕尔默（1799–1877）。

航行到 69° 53′ 的位置上，发现了南方大陆的海岸，后来又发现了距南极大陆不远的彼德一世岛。因此，俄国人享有南极大陆最早发现的荣誉。但是美国人不同意俄国人的意见，他们把发现南极大陆的桂冠戴在美国公民帕尔默的头上。因为，1820 年 11 月，他指挥的"英雄"号猎豹船一直开到南设得兰群岛附近的地方，首次发现了南极半岛。

英国人则宣称第一个发现南极半岛的是布兰斯菲尔德。早在帕尔默之前 10 个月，他便到达了这一地区，因此，他们将南极半岛称为格雷姆地。

应该承认，不论俄国人别林斯高晋、美国人帕尔默，抑或是英国人布兰斯菲尔德，他们都有幸几乎在相距不远的时间访问这块大陆的近海地区。然而，遗憾的是，他们中间却没有一个人知道自己发现的，是几个世纪以来人们曾为之付出惨重代价而渴望证实的那块神秘的南方大陆。有趣的是，这场谁先谁后的争论，全是由后来的子孙们引起的，至于亲临其境的当事人，他们根本也不明白自己到底作了一件什么值得后人如此重视的事情。

应该承认，他们的航行是在南极探险史上有着重要意义的。因为，自此以后，南极大陆是否存在的谜便已经解开，剩下的问题，便是对它的真实面貌进行细致的观察和具体的描绘了。

11 追踪南磁极的航行

冰川表面融水形成的河流（黄永明 摄）。

1821 年 2 月 7 日，南极大陆迎来了人类有史以来第一个造访者——著名的美国航海家约翰·戴维斯，从此，揭开了大陆内地探险的序幕。此后的 20 年间，一场追逐南磁极的闹剧，便在这里紧锣密鼓地上演了。

为了法国的荣誉

1837 年秋，已经前往赤道海域执行巡航任务的法国"宇宙"号和"杰雷"号军舰，突然接到紧急命令：立刻改变航向，去南极执行一项重大的探险计划，并任命迪蒙·迪尔维勒为队长。

命令要求，探险队必须抢在英国之前，"捕捉"到南磁极的影子。据说，这是为了"法国的荣誉"。

迪尔维勒受命后虽然感到为难，因为他们的船体构造根本无法适应浮冰的挤压和冲击，他本人对南极探险毫无经验，也没有任何思想准备，但是他明白，国王的命令是不能违抗的。

1838 年 1 月，他的船队进入了威德尔海。这片海区，由于冰山林立，风急浪高，素有"魔海"之称，现在却异常地平静。为了打破威德尔的南进纪录，迪尔维勒下令船队全速前进。后来他们遇到了狂风巨浪的冲击，浮冰也不时地涌来，"宇宙"号和"杰雷"号在浓雾中迷失了方向。尽管迪尔维勒希望找到一条通向南方的安全水路，但一切努力都归失败。

南极的寒冬眼看就要到来。前进的希望已经破灭，如不及时退却，后路将被堵塞。迪尔维勒只得下令北归，船队按照最初的计划，一直在赤道附近游弋，执行巡航任务。

这时，路易·菲利浦的第二道命令下达了。迪尔维勒受到了严厉的训斥。按照

▲ 威德尔。

▲ 威德尔率两艘帆船驶入以他的名字命名的威德尔海。

国王的旨意，他必须为法国争得"捕捉"南磁极的桂冠。

　　1840 年元旦，迪尔维勒再次驶入了南极海域。很快，大陆的白色海岸线便清晰地展现在他的眼前。顿时，他激动得难以自恃。这位年轻英俊的海军舰长，竟然一反常态，在他的部属面前流下了热泪。

　　透过濡湿的双眼，面对着那块令人魂牵梦绕长达几个世纪的南方大陆，奔腾的思绪把他带到了妻子的身边。他永远忘不了 3 年前港口送别时妻子的泪眼和殷殷关切的絮语……想到这里，他灵机一动，便将眼前的这块陆地冠上他妻子的名字，这就是今天阿德兰地的由来。

　　不久，他派出的登陆小艇在阿德兰地附近的一个小岛上登陆了。这个小岛通过厚厚的冰层与大陆紧紧地联结在一起。就在这里，他满怀激情地插上了一面法国国旗。

　　接着，迪尔维勒开始搜寻南磁极的艰苦航行。几天来，"宇宙"号和"杰雷"号陷入了南极沉重而又混浊的浓雾之中。他们小心翼翼地沿着海岸线边缘的冰川缓缓地行进。经过测定，迪尔维勒向船员们宣布了南磁极的准确位置，就在前面不远的东部地区。然而，当他们艰难地驶去时，却又杳无踪迹。

这时，浓雾逐渐消失，晶莹亮洁的冰山上，闪烁着耀眼的银光。大海就要冻结了，迪尔维勒必须赶在严冬到来之前离开这片危险的海域。尽管一无所获，但他仍然果断地敲响了返航的钟声。

美国人闻风而动

几乎在法国派出南极探险队的同时，即 1838 年 8 月，美国政府也组织了一次由查尔斯·威尔克斯为首的大规模南极探险活动。这支船队由 3 艘军舰和 2 艘物资供应船组成，貌似庞大，其实装备下乘，并不适于极地航行。

威尔克斯是海军军官。他性情暴躁，部属稍有失误，便会遭到严厉呵斥。然而，他办事认真，决策果断，深知自己肩负的责任重大。面对着严酷的环境，他曾不止一次地以严厉得不近人情的手段，处置了行动迟缓的舰只和企图蛊惑人心的水手。

1840 年 1 月，威尔克斯的船队沿澳大利亚东部海岸，经新西兰朝东南方向航行，在火地岛的奥伦奇港稍事休整后，便乘坐"波波依斯"号指挥舰驶入了威德尔海。另外 2 艘船舰则沿着库克航行的路线西进，直到西经 105° 的位置时，才转向南进。他们希望最大限度地接近大陆，然而，由于浮冰阻挡，无法如愿，只得悻悻返航。

威尔克斯的航行是艰巨的。在威德尔海区，他遇到了坚冰阻挡，只得调头向西行进。后来，一座巨大的几乎望不到边的冰山挡住了去路。这时，船员们情绪消沉，认为这是一堵根本无法逾越的天障。威尔克斯却信心百倍，他下令

▲ 威尔克斯。

降低航速，用单筒望远镜仔细侦察后，便果断地命令船队从冰山的裂缝中穿过去。他终于成功了，展现在他们面前的是一片浩瀚无涯的冰架。这里栖息着成群结队的海豹、海象，还有行动笨拙而又逗人喜爱的南极企鹅。远处，几座裸露的棕色山峰直插云霄。

威尔克斯登上冰架后，便开始了寻找南磁极的艰苦行程。为了使美国捷足先登，他有意地避开了极地相遇的法国同行迪尔维勒，甚至连彼此间礼节性的招呼也省略了。

威尔克斯沿着一条巨冰的边缘向西行进到东经98°处，总计行程2700多千米。在南极海区的航行中，几次看到了覆盖冰雪的大陆地段。有时他也轻率地将一些巨大的冰山说成是岛屿或高耸的陆岸，但在大多数情况下，他确实看到了南极大陆的清晰轮廓。现今地图上位于印度洋南部南极大陆的一片地区，就是为了铭记他的功绩，才被命名为威尔克斯地的。

威尔克斯始终没有找到南磁极的影子。但他不无自豪地宣称："通过这次航行，我们认识了南极，发现了许多不为人类知道的陆地、岛屿，为美利坚合众国抓住了拥有南极的机遇……"

在南极探险史上，他的功绩是不可磨灭的。但是，他生性浮躁，自吹自擂，甚至把自己发现的全部陆地，统统称做是南极世界的一部分，以致许多同代的探险家，包括詹姆斯·罗斯在内，都嘲笑他鲁莽、轻率。然而，后来的事实证明，他的看法并非全无道理的。

迟到的英国船队

1839年，英国派出以詹姆斯·罗斯为首的寻找南磁极的探险队出发了。

罗斯是一位能干、经验丰富的极地探险家。在这以前，他曾成功地找到了北磁极的位置，赢得了崇高的荣誉。如果此行能够成功，他将两次夺得极地探险的单项世界冠军。

比较起来，英国人在寻找南磁极的竞赛中，姗姗来迟。正因为这样，他得以总结对手的航行经验，避免走上同一条劳而无功的道路。

他指挥的"艾尔帕斯"号和"泰拉"号出发不久，便遇到了汹涌如潮的流冰群。罗斯机智和果断的指挥，使遇险船只不止一次地逢凶化吉，避开了浮冰的撞击。事实也验证了他设计的这种形状古怪、小巧结实的探险船，具有无比的实用性，甚至被浮冰抬起后，也能自动地滑下去。

1840年春，船队驶抵澳大利亚塔斯马尼亚岛，获悉迪尔维勒和威尔克斯寻找南磁极的航行一无所成。他们既未验证德国学者卡尔·弗里德里克·高斯在理论上所认定的南极区的南磁极，也未能在南磁极以西发现南极大陆。看来，迪尔维勒和威尔克斯也许认为，高斯的理论包含着某些错误或者不够完整。年底，罗斯便着手在南磁极以东的海区开展仔细的搜寻和考察。他的船队沿新西兰岛所处的经线向南推进，一直航行到巴勒尼群岛。

1841年1月11日，兴高采烈的罗斯吩咐厨师备办酒筵，罗斯满面堆笑地对大家说："伙伴们，多吃些吧，明天便要登陆了。"餐厅里发出阵阵的笑声，以为他们的船长又像往常一样在同大家逗乐哩。

就在这天晚上，他们的船队到达了南纬71°线之外，东经171°线的海区。第二天拂晓，他们便看清了覆盖着厚厚冰层的萨宾山脉。罗斯便在阿德尔角之外的一个小岛上印下了自己的第一双足迹，并在这里插上了一面英国国旗，宣布这里为大英帝国的领地。后来这一海区的一些岛屿被命名为波塞西翁群岛。波塞西翁，就是领地的意思。

此后，罗斯带领船队继续南进，驶进了一片后来被命名为罗斯的海域，在沿维多利亚海岸线航行途中，他们发现了两座如同孪生姊妹一样的大火山。不久，他们遇到了一条不可逾越的冰障，高大陡峭，与海面垂直，

▲ 罗斯（1800–1862）。

就像被斧削过一般。冰障顶部十分平坦。这个厚达两三百米的海山冰层，就是今天的罗斯冰架。

继续向南的航路被彻底堵塞了，而北部的海面也开始冻结，罗斯只得暂时放弃寻找南磁极的计划。

这次航行，他的船队以到达南纬74°42′的成绩，打破了威德尔创造的74°15′的纪录。后来，他又一次来到这里，登上了罗斯冰架，最远到达了南纬78°10′的地方。他的最后一次航行始于1841年12月初，进入了威德尔曾经吹嘘的"除了我以外无人敢闯的魔海"。这时，海面狂风大作，冰山横流，罗斯一连几个昼夜没有离开指挥现场。

他的第三次航行又以失败告终。

1843年9月底，罗斯带领的探险队平安地返回英国。这次寻找南磁极的航行时间长达4年之久，虽然未能达到预期的目标，但他的船队却出人意料地幸运，只有一人在风暴中殉职，创造了南极探险史上的又一个奇迹。

南磁极追上了他

迪尔维勒、威尔克斯、罗斯分别代表自己的国家，在南极先后搜寻南磁极近15年。他们争先恐后，甚至封锁自己的行踪，以便捷足先登。然而他们都徒劳往返，枉费心机。因为高斯对南磁极存在的预言虽然正确，但他并未了解"地球的磁极其实是漂移的"这一客观现实。这就像孩子们捉迷藏一样，当探险队员们兴致勃勃地奔向高斯在理论上确定的磁极区域时，这个调皮的东西早已登陆"逃

▲ 沙克尔顿（Sir Ernest Shackleto，1874–1922）（左二）和队友们在南极。

遁"，躲藏得严严实实。加上当时的装备简陋，无法跟踪追击，所以失败的命运是注定了的。

半个多世纪过去了。时光跨入了1907年年底，停泊在新西兰的由沙克尔顿私人出资装备的探险船"猎手"号，聘请地质学家戴维教授和物理学家莫森博士同船赴南极考察。第二年1月23日，他们看见了罗斯冰架。"猎手"号向西驶入了鲸湾。

他们在罗伊兹角上建立了简陋的基地，筑起狭小的营房。在漫长的冬季里，

▲ 34岁的沙克尔顿。

他们进行了广泛的科学考察，并在没有向导的情况下，登上了南极大陆一座海拔高达4080米的火山而无一人伤亡，创造了震惊世界的登山纪录。

11月3日，沙克尔顿带着8名队员，开始向南极点进发。直到第二年元月上旬，他们到达了南纬88°23′的地方，这里离极点还有156千米。严酷的寒冷和难耐的饥饿，迫使他们不得不调头北归。

早在沙克尔顿向极点进军之前，戴维教授便带领莫森和麦凯于10月5日离开了基地营房，向南磁极地区跋涉。

开始，雪橇在冰冻的海面滑行，倒也安全轻快。后来，他们爬上了冰川，到达了高原地带。这里道路崎岖，行进十分艰难。直到1909年1月16日，戴维和他的伙伴终于到达了南纬72°15′的地方，这里便是南磁极。

莫森是专攻物理的学者，在这方面是

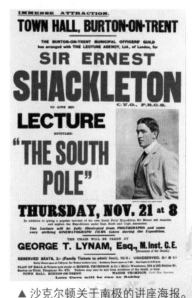

▲ 沙克尔顿关于南极的讲座海报。

行家。他高兴地对大家说："别劳步了，快搭起帐篷，好好睡一觉吧！南磁极会追上来的。"果然，到了第二天，他们没费吹灰之力，便轻而易举地"捕捉"到了这个调皮的小精灵。这是因为磁极始终在一个"八"字形的轨迹上游动，只要掌握了它的运动规律，抓住它自然是一件很容易的事情。

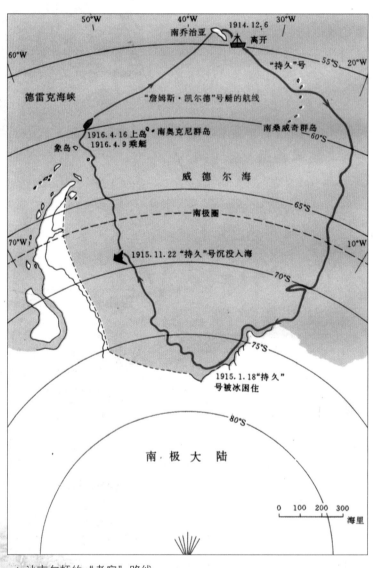

▲ 沙克尔顿的"考察"路线。

12 南临极点竞双雄

→ 柳暗花明又一村
→ 伟大冲刺的序幕
→ 斯科特船长来了
→ 彪炳青史的搏斗

位于挪威的阿蒙森纪念馆。

地理学上确定的南极点。

用于纪念仪式的南极点。

一个巨人站到了南极之巅。当他返回祖国时，受到了成千上万群众的夹道欢迎。一群群新闻记者簇拥着他。就在这激动人心的时候，他以无可置疑的权威向世界宣布，南极极顶既没有高山，也没有深谷，而是一片平坦的冰原。这位巨人就是著名的探险家、人类第一次登上南极极点的英雄——挪威人阿蒙森。

柳暗花明又一村

1906 年，西北航线的开辟，使阿蒙森享誉世界。这时，一个新的探险计划又在他的心中酝酿成熟了。"到北极极点去，创造人类历史的奇迹。"他向挪威政府表达了自己的愿望。

行前，阿蒙森作了充分的准备工作，启航的日子也定下来了。不料一个意外的消息传来，刹那间他像受到雷击一样，跌倒在沙发上，半晌说不出话来。原来有人告诉他，根据可靠的情报，1909 年 4 月 6 日，美国海军上将皮尔里已经到达了北极极点。

他的北极探险计划被迫取消了。既然有人捷足先登，再闯北极极点就失去了意义。为此，他痛苦极了。

这天夜晚，阿蒙森躺在床上，久久不能入眠。奔腾的思绪，把他带到已经流逝的那些艰难和峥嵘的岁月里……他想，难道自己的事业就此达到了顶峰？难道世界上再也没有需要自己去探索、去发现的领域？

他突然思路一转，眼前似乎闪现出一线亮光。他高兴得大嚷起来："啊！南极！南极！"

既然北极极顶已经被别人捷足先登，那么南极之巅仍然召唤着人们去向它进军。

1910 年 6 月的一天，阿蒙森乘坐一艘特制的极地探险船——"弗拉姆"号出海了。他在北极探险时，就是用的这艘船。

为了避免社会舆论，阿蒙森的南极之行事先未向社会宣布，甚至连他

的 20 名船员都不知道。只是到了马得尔岛后，他才坦然地说出了自己的打算。真是不谋而合，船员们十分赞赏他的决定，并表示，愿意同另一位英国的探险家斯科特开展一场争夺攀登南极极顶的对抗赛。

伟大冲刺的序幕

去南极探险，对阿蒙森来说，已经是第二次了。他 24 岁时，曾随"比利基卡"号去过南极，在船上担任领航员。由于船长自以为是，对这位初出茅庐的小伙子的忠言置若罔闻，结果，船只被卡在浮冰中不能脱身。后来，还是得力于阿蒙森的机智和才能，才摆脱了船毁人亡的困境。尽管这次探险宣告失败，但在南极的 2 年中，他得到了锻炼，积累了经验，掌握了有关南极的丰富知识，为他的这次探险活动准备了必要条件。

▲ 阿蒙森（后排右二）及其探险团队。

第二天，"弗拉姆"号调整了航向，阿蒙森开始了一生中又一次不平凡的航行。

阿蒙森为自己的计划顺利实现感到由衷的高兴。他似乎已经站到了南极之巅，成了一个举世闻名的英雄……

不过，他心里也十分清楚，前程虽然美好，但一定充满狂风巨浪。南极的冰山比起北极来大得令人瞠目结舌，有的甚至高出海面几百米，横亘数百千米，就像一座浮动的岛屿。许多探险家被冰山阻挡后，只得悻悻而归，抱憾终身。

经过半年多的艰苦航行，"弗拉姆"号终于在 1911 年 1 月 14 日驶进了南极的鲸湾。阿蒙森决定在这里建立基地。鲸湾位于罗斯冰障的东部，选择这里作基地的主要原因，是它距极顶的路程最近，也考虑了诸如安全等其他因素。

为了储备充足的食物，他们在附近的港湾猎捕了一批海豹，建起了基地食品仓库。

一切就绪后，阿蒙森带领 4 名队员，分乘 3 架雪橇出发了。满载食物的雪橇是沉重的，那些习惯于冰天雪地生活的爱斯基摩狗却奔走如飞，人坐在上面，平稳轻捷，就像在白云中穿行一般。

他们从西经 162° 向南滑行，每隔 100 千米建立一座粮食仓库，为最后向极顶冲刺解除后顾之忧，也为归途准备充足的食物；除此之外，他们还每隔 15 千米建一间供休息用的小冰屋，旁边堆起一座高耸的冰塔，顶端插上黑色的旗帜，作为冲刺和返程时的标志。

阿蒙森率领的先遣小组建好了 3 座粮仓后，便顺利地返回了基地。

斯科特船长来了

阿蒙森刚跨进基地，一眼便看见了他的"弗拉姆"号旁边停泊着一艘挂着英国旗帜的探险船。他不假思索地叫道："太好了，斯科特船长到了！"在这冰天雪地的极域，能有一个怀着同一目的不远万里而来的同行并肩冲刺，那是一件极好的事情。

阿蒙森当即拜访了他的邻居，斯科特也进行了友好的回访。

这位英国对手的到来，也给阿蒙森思想上增加了更大的压力。从现在起，他不仅要同恶劣的

▲ 斯科特（1868–1912）。

▲ 1911年冬季，斯科特在南极的小屋里写日记。

生存条件斗争，还必须抢在斯科特出发之前，开始向南极极点的冲刺。他十分清楚，自己为之争夺的不仅是他个人的荣誉，更重要的是代表着祖国——挪威执行这项崇高使命的。

斯科特是英国一位具有丰富经验的极地探险家。早在1902年，他便向南极极点发动过冲刺，终因体力不支，被迫中途返回。9年后，也就是1911年11月1日，他再次组建了一支探险队闯进了南极。这支队伍装备精良，人员众多，分为海上和陆地两部分。陆地队除斯科特外，还有几十个专业工作人员、53只爱斯基摩狗、15匹西伯利亚矮种马和两部摩托雪橇。然而，在阿蒙森看来，这些精良的装备，在南极极端严寒的条件下，并不是取胜的重要保证，有时还会成为累赘。因为矮种马尽管来自严寒的西伯利亚，但上不了陡峭的冰坡；至于摩托化雪橇，则极易发生故障。

出于友谊，阿蒙森向斯科特提出忠告。然而，傲慢的英国人根本没有把他的建议放在心上，以致最后受到了实践的惩罚。

整个冬天，两支探险队亲密无间地相处在一起。他们或谈天或欢笑，有时还做着各种有趣的游戏。食物是丰富的，临时搭起的小屋虽不宽敞，但却温暖实用。就这样，他们苦中作乐，送走了漫长的极夜。

彪炳青史的搏斗

8月底的南极，太阳虽然只在天边转了一圈便早早离去，但它的露面，却宣告了极夜的结束，白天将一天比一天长起来。蛰居在小屋里的探险队员早已摩拳擦掌，整装待命了。

2 个月又过去了，心急如焚的阿蒙森再也无法掩饰内心的激动。他必须赶在斯科特之前发起对极点的冲刺，才能稳操胜券。

1911 年 10 月 19 日，他们驾着 4 乘雪橇，由 53 只爱斯基摩狗牵引，雪橇上装着大量食品和急救药物，以及其他探险器械，浩浩荡荡地向极点进发。

由于准备工作周详，加上路途标志清晰，他们的前进速度很快，只花了 4 天时间便到了 1 号仓库。以后又以每天 30 多千米的速度推进，很快又越过了 2 号和 3 号仓库。再往前走，路途就生疏了。

强烈的阳光从冰原上反射过来，刺得他们连眼睛都难以睁开。阿蒙森一行在这茫茫的冰原上扬鞭疾驶，很快便到达了高耸的冰山脚下。从这里到极点，大约还有 550 千米的路程。坡陡路滑，雪橇已无能为力，只有靠徒步攀登才能到达极点。

▲ 斯科特探险队在南极点。后排从左至右：奥茨（Lawrence (Titus) Oates），斯科特（Robert Falcon Scott），埃文斯（Edgar Evans）。前排从左至右：鲍尔斯（Henry Bowers），威尔逊（Edward Adrian Wilson）。

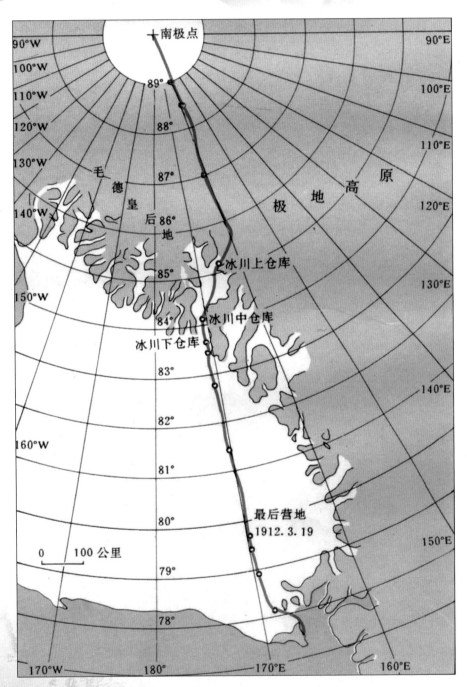

▲斯科特往返南极点的路线。

▲ 被迫使用人力拖行行李的英国探险队。

　　为了轻装上阵，他们只留下 3 乘雪橇拖运食物。多余的狗就地处理，变成了餐桌上的美味佳肴。

　　攀登的道路是艰险的，特别是一条条咧着大嘴的冰缝，稍不小心，就会掉进万丈深渊。然而在富有极地探险经验的阿蒙森指挥下，他们攀登得异常顺利。遇到危险地段，便停下来研究对策，然后巧妙跨越，避免发生惨剧。

　　经过 53 天的艰难跋涉，阿蒙森和他的 4 名助手终于在 1911 年 12 月 14 日，成了世界第一批站在南极点上的人。

　　那天，极点上阳光灿烂，平静的冰原一望无际。他们以无比激动的心情，将一面挪威国旗插在用冰块垒起的尖塔上，并给他们竞争的对手留下了一封短信，然后返回基地。

　　大约在阿蒙森向极点进军 10 多天后，斯科特领导的探险队才踏上了征途。半路上，他们又遇到了可怕的风暴，加上摩托雪橇经常发生故障、矮种马又活活冻死等原因，在南极高原上，他们只能用人力拖着沉重的行囊缓缓行进。直到第二年的 1 月 18 日，才爬上了南极极顶。屈指算来，比阿蒙森的探险队迟到了 1 个月又 5 天。

　　斯科特读完了阿蒙森留给他的信，心里涌起一阵难以言状的凄楚，眼

we shall stick it out
to the end but we
are getting weaker of
course and the end
cannot be far.
It seems a pity but
I do not think I can
write more—
R Scott

Last Entry—

For Gods Sake look
after our people

▲ 斯科特日记最后一页,1912年3月29日。

泪也跟着滚了下来。俗话说,祸不单行。倒霉的事情还多着哩!当他们悻悻地走下冰山时,便有一名探险队员摔伤不能行走,饥寒夺走了他的生命。不久,另一名队员也病死在返程的途中。

一天,斯科特走出宿营地的小屋,终于永远没有回来。自此以后,剩下的3人只能躲在帐篷里避寒。后来,还是冻死在暴风雪中。直至10月,一支搜寻队才找到了他们的尸骸,同时,也找到了最后3人历尽千辛万苦、至死没有丢弃珍贵的南极化石标本,总重量达16千克之多。他们的遗书仅仅是一句简短的祈求:"看在上帝面上,请照顾好我们的家人吧!"

一场彪炳青史的拼搏终于画上了句号。阿蒙森和斯科特都以自己坚毅、勇敢的精神,赢得了世界的瞩目,在南极探险史上写下了光辉的篇章。

13 横贯冰陆的死亡旅行

→ 沙克尔顿魔海惊魂

→ 福克斯一举成功

冰川与划皮艇的人（黄永明 摄）。

（花雕 摄）

（花雕 摄）

南极，这个令人向往的神秘地方，谁也说不清那里到底有多少个美妙的梦境，几个世纪以来，旧梦圆了，新梦又萦绕探险家的脑海。

一个横穿南极大陆的梦，在那严寒的冰雪中悄悄地开始了，经过半个世纪的奋斗，终于由英国人福克斯画上了一个历史性的句号。

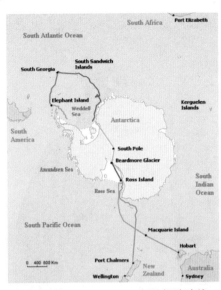

▲ 沙克尔顿 1914—1915 年的探险路线。

沙克尔顿魔海惊魂

在角逐南极点的探险中，阿蒙森的捷足先登和斯科特的埋骨冰原，使年轻气盛的爱尔兰人沙克尔顿感到羞辱，他决定另辟蹊径，组织一次别开生面的探险活动，使世界为之震惊。

沙克尔顿的宏伟计划是：从威德尔海的菲尔希内尔冰架上岸，经极点、罗斯冰架入海，横穿整个南极大陆。

这次为英国人报仇雪恨的壮举，自然得到了政府的大力支持。

1914 年 8 月，担任终点接应工作的"北极光"号启程驶往罗斯海域。接着，沙克尔顿乘坐的"忍耐"号也向"魔海"方向进发。当船靠近南极海岸的时候，浮冰像魔鬼一样层层围住了

▲ 沙克尔顿曾创造了到达南纬 88° 23′ 的位置。

▲位于伦敦皇家地理学会的沙克尔顿雕像。

它。面对严峻的形势，沙克尔顿并不在意，下令全速前进。然而，一座巨大的冰山向他们袭来。"忍耐"号迅速向东迂回行驶，才躲过了一场灭顶之灾。此后，船的周围再也看不见冰间水路，大海几乎完全冻结。到了第二年1月，他们才到达南纬76°34′的位置，距大陆冰架还有20多千米。沙克尔顿明白，只要爬上陡峭的斜坡，就可以乘坐雪橇向内陆前进了。

2月中旬，意想不到的事情发生了，"忍耐"号被一块几千米见方的浮冰挟持着，缓慢地向北部漂移，很快，他们再也见不到大陆冰架的银色光彩了。

为了摆脱困境，沙克尔顿只得带领船员凿冰开路。然而，这些努力却是徒劳的，到了第二天，海面又恢复成原来的样子。最后大家只得在船上度过了一个郁郁寡欢和暗淡的冬季。

南极的盛夏是美丽的。这天，黑暗的海平线在晨曦中染上了一层微红，金色的光带开始在蔚蓝的天宇中闪动。销声匿迹达半年之久的海豹、企鹅，从寒冷的冰缝中爬上冰堆，尽情地享受短暂的南极之夏带给它们的温馨。

沙克尔顿的航船经过一个冬天的禁锢后，重新获得自由的日子已经临近了。果然，就在10月的一个下午，挟持"忍耐"号的浮冰裂成了两半，海上通道立即展现在眼前。高兴得不能自已的沙克尔顿立即下令起航。然而，就在这时，船体两侧的浮冰突然同时向中间合拢。两块厚厚的冰墙以巨大的压力使船体发出惊心动魄的轧轧声。接着，汹涌的流冰同时向船头船尾撞击，两翼的压力也越来越大。经过几个小时的顽强挣扎，被撞得四分五裂的"忍耐"号终于缓缓地沉入了海底。沙克尔顿和他的船员们只得抛弃船只，搬到冰上生活。为了度日，他们白天集体外出捕捉海豹、企鹅充饥，累了便蜷缩在冰上的帐篷里。

气温逐渐回升，冰块随时可能进一步破碎，大海随时可能吞噬他们的生命。经过周密的考虑，沙克尔顿决定：立即向 600 千米外的坡雷岛进发，那里有 1902 年瑞典探险队避难时搭起的小屋，而且存放着大量的食品。更为重要的是，这片水域过往船只较多，容易回到英国。

10 月 30 日，他们的雪橇队便出发了。走在前面开路的是沙克尔顿和 3 名体魄强健的助手。道路崎岖曲折，行进速度十分缓慢。为了补充食物，他们有时不得不就地宿营，待猎获足够的海豹后才继续赶路。

1916 年 2 月，沙克尔顿一行与流冰一

▲ 位于英国南乔治亚岛的沙克尔顿墓地。

道漂到了极圈之外。经测定，距坡雷岛只有 100 千米，如果按照正常的漂流速度，最多不过一个星期，便可以安全登陆。在连成一片的流冰上，他们试着将小艇用雪橇运到冰块的边缘，想从那里入海，但是，冰块开始融解，雪橇已经无法运行，眼看，他们登陆坡雷岛的计划就要落空了。

后来，沙克尔顿号召大家将小艇用人力拉到了海面。依靠惊人的毅力，划到了附近一块名叫象岛的陆地。登岸后，他命令船员立即建筑临时住宅。第二天，便带领几个强壮的队员，驾着小艇，在狂涛巨浪中搏斗了 10 多天，终于在建有捕鲸站的南乔治亚岛登陆，并且联系好了救援的船只，使滞留在岛上的船员全部脱险。

沙克尔顿横穿南极的梦想虽然破灭了，然而，他的顽强拼搏精神，却永远激励着后来的探险者去完成他的未竟事业。

福克斯一举成功

40 年过去了，沿着沙克尔顿计划中的路线，一支由福克斯领导的英国横贯南极探险队终于走完了全程，创造人类历史上第一次横穿南极大陆的伟大壮举。

1957 年 11 月 24 日，福克斯和他的助手从西部的沙克尔顿基地出发，开始向南极点挺进。与此同时，他的后勤队在新西兰人西拉里的率领下，也从罗斯岛的斯科特基地起程南进。按照福克斯的计划，后勤队必须抢在横贯南极探险队到达南极点以前，沿途建立足以保证食品和其他物资供应的补给站。

看来，福克斯的行动部署比起当年的沙克尔顿来，并没有多少不同的地方。甚至可以这样认为：福克斯现在想到的，当年的沙克尔顿也想到了。但是，一个成功，一个失败。究其原因，除了机遇以外，最重要的是沙克尔顿当年没有先进的技术装备。在恶劣的自然环境和气候条件下，仅仅依靠人的冒险精神和顽强的毅力，自然就难免失败了。

尽管福克斯探险的物质条件优于他的前辈，但仍然困难重重。在行进中，他的雪车经常遇到难以逾越的冰缝，绕道和处理事故，又延宕了不少时间，因此，他的前进速度十分缓慢。

与之相反，从另一端向极点迈进的西拉里，却不声不响地筑起了最后一座粮食仓库。按照计划，福克斯的探险主力队届时将到达这里。然而，几个星期过去了，他们一直得不到福克斯的消息。这时焦虑惶惑的西拉里决定率领队员向极点进发，很快便走完900千米的路程。其行动之神速，超过了此前的任何一位探险家。这自然要归功于他乘坐的先进交通工具——一台经过改造的农用拖拉机。另外，东部的天气较好，也为他们顺利进军提供了有利的条件。

西拉里登上极点后，通过无线电与受阻的福克斯取得了联系，报告了自己的位置，并建议终止探险，等待一架美国飞机把他们空运到默克默多基地。

对于西拉里的擅离职守、无视组织纪律的行为，福克斯本已十分愤怒，再加上那种近似嘲讽的建议，气得他浑身发抖。他永远不会忘记50年前斯科特饮恨冰原给祖国蒙上的极大羞辱。如今，在横穿南极大陆的竞争中，他代表的是整个英国，因而他决不能容忍，也没有权利让一个新西兰人去完成这项史无前例的壮举，而使英国人的荣誉受到玷污。

福克斯没有犹豫，他用坚定的语言，拒绝了西拉里的挑战，率领着疲惫不堪的探险队员，以顽强的毅力，踏上了南进的艰险行程。1958年1月24日，福克斯一行，终于安全到达了南极极点。就在一座白色的临时房屋前面，会师的两支队伍，举行了简短而热烈的庆祝仪式。西拉里迎上前去，同福克斯紧紧地拥抱在一起。以往的嫌隙，顷刻间化作一团欢笑，久久地回荡在南极的天空。

两天后，他们离开极点，剩下的旅程，几乎没有遇到什么阻碍。风驰电掣的机动车辆，很快将他们送到了罗斯岛上的斯科特基地。

沙克尔顿的遗梦终于实现了。

　　这次横穿南极大陆的行动，历时 99 天，行程 3453 千米，虽然艰险，但比起他们的前辈来，似乎缺少几分悲壮和惊心动魄。这自然是历史的必然性。看来，前人的失败并不是因为他们当时没有尽心尽力，真正的原因则是他们生不逢时，时代没有给他们插上科学的翅膀。

14 中华儿女闯南极

中国考察队员茹荣忠在测湖。

南极是地球上最后一块被征服的大陆，也是迄今世界上唯一一片没有国界的土地。那里有丰富的矿产和海洋生物资源，它还是世界上最大的一座"实验室"，又是地球面向宇宙的一扇天然的窗口。

在世界不断掀起的南极热中，由于众所周知的原因，中国只不过作为一个热心的看客，被冷落和弃置在一边。然而，时代变了，古老的中国也变了。他们终于大喊一声："南极，我们中国人也来了。"

凯西站的中国来客

在南纬 77°44′、西经 126°38′ 的位置上，一座以赴美留学人员张逢铿的姓氏命名的南极山峰——张氏峰直插蓝天，巍峨雄壮。这是 1963 年 2 月 8 日，美国政府为了表彰他在南极地震勘测中的突出贡献而作出这一决定的。

张逢铿 1958 年 11 月 17 日到达南极，在那里工作了整整 15 个月。应该说，他是炎黄子孙中第一个跨入南极大门的人。

中国对极地事业的参与，始于 20 世纪 80 年代。

1979 年，应澳大利亚南极局的邀请，中国科学院地理所地质地貌学家张青松和国家海洋局远洋所海洋物理学家董兆乾，作为科研工作者，访问了澳大利亚设在南极的莫森站。第二年，他们再次受到邀请，参与了澳大利亚组织的联合考察。

1980 年 1 月 8 日，他们从广州启程，经过 5000 千米的空间跨越，到达了澳大利亚的墨尔本市。在这里，他们受到了热情的接待，听到了有关南极考察情况的介绍。11 日，越过塔斯曼海域，到达了新西兰滨海城市克赖斯特彻奇。

第二天，全身穿上南极服装的两位中国科学家，便登上了去南极的 C-130 大力士运输机。这里离南极圈还十分遥远，可舱外的气温已经降到了 -40 ℃左右。他们虽然穿着保暖性能良好的南极服装，但是，仍感寒气

▲ 中美两国科学家在波兰站交谈。

袭人。

下午 7 点，飞机平稳地降落在麦克默多国际机场宽阔的跑道上。中国科学家满怀激情地踏上了南极的冰原。在这个科学考察的王国里，终于第一次印上了中国人的足迹。他们在麦克默多逗留了 3 天。这里是美国的科学考察站，规模和设备堪称世界之最，有"南极第一城"的称谓。后面的"了望山"上，矗立着一座木制的十字纪念碑，上面刻着为征服南极而献身的英雄们的名字。距此不远的海边，有一座被命名为"斯科特棚"的木头小屋，也成了这里的名胜古迹，是访问者必须瞻仰的地方。

1 月 14 日，他们重新登机，飞行 2000 千米，才到达了凯西站，它是此行的目的地。"麻雀虽小，肝胆俱全。"这里不仅具有各种必需的生活设施和物资贮备，而且还有综合维修车间、发电厂，以及设备先进的发射站和接收站。

这天，凯西站的站长和工作人员，用丰盛的晚宴接待了远道而来的中国朋友。席间宾主频频举杯，气氛十分热烈。

这次，中国科学家造访凯西站的一项重要任务，是了解有关南极建站的技术设施问题。他们参观了培植在温室里的各种蔬菜，还看到了在山谷中顽强生长的地衣、苔藓等南极植物。在建筑物考察中，他们发现房子都是盖在 2 米多高的钢架上面。这种悬空建筑的"秘密"，很快引起了他们的兴趣。

为了获取暴风雨肆虐时海洋的变化情况，以及海浪形态的特征，他们曾以顽强的拼搏精神，冒着生命危险，趴在地上，蠕行到几十米外的海边，摄下了一组组珍贵的实况镜头。

他们的这次访问，不仅增强了中澳两国科学家之间的友谊，而且为日后中国在南极建站，以及科学考察积累了丰富的经验，准备了必要的材料。

后来，张青松成了中国在南极越冬的第一人；董兆乾则首次代表中国历险冰海，闯荡了南大洋。

据统计，1980—1983 年间，中国约有 30 多人走向南极，其中蒋家伦冰海遇险意外生还的故事，其惊心动魄的场面，至今仍令人难以忘怀。

在堪培拉会议上

1983 年 9 月，南半球正是风光旖旎的春天。《南极条约》国第 12 次会议在澳大利亚首都堪培拉举行。郭琨作为中国政府派出的第一个代表团成员参加了这次国际会议。

会议的议题多达 30 多项，其中最主要的是南极科学保护区和环境保护以及南极电讯手册等世界共同关心的问题。

与会期间，许多相识或不相识的朋友，都以各自不同的语言和方式，向远道而来的 10 亿中国人民的使者，表达了友好的情意。澳大利亚、新西兰、阿根廷、智利，还有日本的代表，都郑重地邀请中国科学家同他们一道工作。他们说：我们的大门始终是向中国敞开的。

然而，会议期间，郭琨的心绪并不宁静。因为在《南极条约》上签字的国家中有缔约国和协商国之分。只有在南极建有科学考察站的国家，才有可能取得协商国的资格。当时，中国仅仅是缔约国的一员而已。

▲ 中国科考队员在南极吃"冰镇西瓜"。

125

每当一项议题经过热烈的讨论后进入表决阶段时，便让中国代表退出，因为按照规定，只有缔约国单重身份是没有表决权的。不难想象，作为中国人民代表的郭琨，在走出会议厅的一刹那，处境是多么尴尬，心情是多么复杂、痛苦。然而，他也十分清楚，世界是现实的，它并不因为你是弱者而给予同情和抚慰。

郭琨默默地站在他下榻的宾馆阳台上，凝视着堪培拉落日的余晖，心潮起伏，思绪万千。一幅光艳多彩的南极地图清晰地浮现在他的脑际。历史上很多熟悉的探险家，乃至皇族、商人、海盗的名字，大多成了南极大陆某些海域、岛屿、冰架、海峡，以及许多科学考察站的名称。几个世纪以来，南极始终是西方国家的乐园。而拥有文明古国称誉的泱泱大国，走向南极却像飞向星空一样遥远。

人类从 18 世纪第一次闯入北极圈至今，仅仅 2 个多世纪，它的探险时代已告结束，继之而起的是更为波澜壮阔的南极科学考察时代。

耽误的时间必须抢回，落下的课程必须补上。回国后的郭琨，沉浸在极度的焦虑和不安的情绪中。国家的声誉、民族的尊严，使他意识到自己责任的重大。经过深思熟虑后，他以代表团的名义，向国务院递上了一份措辞恳切的报告：尽快向南极派出中国的考察队，立即着手筹建我国的夏季考察站……

郭琨的建议终于得到了国家的采纳，他自告奋勇地担任了我国第一支南极科学考察队的队长。从此，揭开了中国南极考察的新篇章。

长城站与中山站

10 亿人民企盼的日子终于到来了。

1984 年 11 月 20 日，以陈德鸿为总指挥的中国首次南极洲和南大洋考察队的全体人员，乘坐"向阳红 10"号远洋考察船和"J121"号打捞救生船，在上海黄浦江畔的国家海洋局东海分局码头，迎着初冬的寒风，徐徐驶离港口，奔向南极。

这支考察队伍阵容庞大，其中准备登陆的队员计 50 名，大洋考察队员 26 名，分别由郭琨和金庆明率领，加上各类专业的科学家、工程技术人员、海军军官、水手、厨工，以及随队采访的新闻记者、摄影师等，总计 589 人。这在南极探险史上，实属盛况空前。

船队于 11 月 26 日过关岛，5 天穿越赤道，驶向西南海域，进入南纬 40°~50° 的南太平洋，绕过南美洲最南端的合恩角，从太平洋驶入大西洋，抵达火地岛的乌斯怀亚港。行程

▲ 中山站竖起的指向标。

15021 海里，历时 28 天。在这里稍事休整后，于 12 月 22 日开始穿越以风暴频繁闻名的德雷克海峡。圣诞节的那天，乔治王岛已经遥遥在望。26 日，在该岛东南侧的麦克斯韦尔湾停泊，这里是登陆考察队的目的地。

南设得兰群岛位于南纬 61°~63° 22′，由 11 个大小岛屿组成。其中乔治王岛面积 1100 千米，为群岛之冠，也是南极半岛的海上延伸，中国第一个南极科学考察站——长城站即将在这里破土动工。

为了抢在南极夏季结束之前完成建站和有关学科的考察任务，队员们立即行动起来，在选定的建站地点——一个三面环山的海湾地区登陆，着手建立一个由 5 座棉质帐篷和 17 个尼龙充气帐篷组成的极地野营，卸下了 450 吨建站物资。

12 月 31 日，长城站奠基开工。也就在这天，南极的狂风暴雪肆虐这座港湾。汹涌的巨浪以排山之势，冲击着岸上堆积的建站物资。为了抢救这些不远万里运来的财物，人们甘愿冒着生命危险，一次一次地从海湾的

▲ 中国南极考察队"雪龙"号破冰船,冰盖考察队采集的冰雪样品就存放在船上的冷冻舱。

边沿地区,抢回被风浪卷走的木板、器材。

在建设长城站的那些日日夜夜里,队员们以中华儿女特有的坚韧精神,顽强地工作,几乎每一天都是在紧张而激烈的鏖战中度过的。在这里,除了劳动的喘息声和队员们打趣调侃时发出的欢笑声外,听不到无可奈何的悲叹和痛苦的呻吟,淹没整个工地的仍然是狂风的呼啸和马达的轰鸣……

经过 25 个日日夜夜的艰苦奋战,中国南极长城站终于在刺骨的寒风里诞生了。它凝聚着考察队员的血汗,也凝聚着中国人民的希望。

中国南极长城站矗立在南纬 62°12′59.3″、西经 58°57′51.9″ 的位置上,两幢主体建筑各占地 175 平方米,加上发电房、码头和简易机场,以及其他各种科研通讯和生活设施,一应俱全,几乎成了一座微型的科学城。

在长城站的北面,有一个被命名为"西湖"的水塘,晶莹清澈,甚是迷人。入夏,雪峰和露岩,倒映在湖水之中,更增一层秀色。它还是长城站生活和科研用水的天然水库。

在落成典礼大会上,国家海洋局副局长钱志宏郑重宣布:中国南长城站已经胜利建成!顿时,锣鼓喧天,鞭炮齐鸣,庄严的五星红旗在雄壮的国歌声中徐徐升起,迎着南极的寒风,高高飘扬。

天,突然变了,鹅毛般的大雪纷纷地洒落下来,但考察队员胸中的热血,却像大海的波涛一样，翻滚，奔腾……

入夜，长城站灯火通明。大家仍久久地沉浸在兴奋、激动和幸福之中。他们决心以新的姿态去迎接南极考察的新的挑战。

建站开始后，"向阳红10"号便于1985年1月19日，离开了麦克斯韦尔湾，驶向了冰山密集的南大洋，对南极海域的各种环境，如开阔性的大洋盆地，陆坡的次深海，陆架的浅海和深海洋盆，以及海湾、水道等，在10万平方千米的南极海域进行了6个专业、23个项目的海洋综合考察，完成综合测点34个，测线长度3600海里，几乎囊括了海洋学所有专业的项目，这在世界海洋考察史上是极为罕见的。

南极的夏季很快便要结束了。2月28日，"向阳红10"号和"J121"号考察船留下38名队员在这里越冬，从阴云密布的海湾启航，于4月10日安全回到了祖国，从而结束了142天、航程48955千米的首次南极远征。

由于我国在南极建成了常年科学考察站，同年10月，中国在《南极条约》协商国的会议厅里，便有了自己的席位。

长城站经过多次扩建、完善，已经成为我国设立在南极的一个重要科学考察基地。但它也有无法弥补的缺陷，那就是距南极大陆太远，制约了人们进行更有价值的研究。为了解决这一矛盾，经国务院批准，我国决定

▲ 从"雪龙"船上卸下的物资，由雪地车拖往中山站。

▲ 考察长城站附近的三个淡水湖。

▲ 南极中山站。

在东南极建立第二个常年考察站。

1988 年 11 月 20 日，担任此次建站任务的运载船"极地"号从青岛起航，向南极大陆的普里兹湾驶去。

这艘远洋船载重万吨以上，有较好的抗冰能力。在通过"西风带"时，它经受了狂涛巨浪的考验，在南纬 69°22′ 的浮冰密集区，为了寻找海上通道，直升机先后进行了 6 次空中侦察，并为船只引航。经历了千难万险，才抵达了普里兹湾，看到南极大陆裸露的崖岸和连绵起伏的白色丘陵。后来"极地"号在停靠处又多次遭遇特大冰崩的袭击，好容易才闯出浮冰的重围，进入了宽阔的海域，找到了另外一个安全的登陆地点。人们仅用了 15 天时间，便成功地卸下了大批的建站物资。1 个月后，一个面积为 1654 平方米的常年科学考察站便建成了。

当年，中山站站长高钦泉同其他 19 名队员，留在这里越冬。从此，南极的夜晚，又亮起了一颗璀璨夺目的明珠。

15 跨越两极的环球旅行

充满浮冰的海面（黄永明 摄）。

1982 年 8 月的一天，拉诺夫、卜尔通和肖伯特，安全地回到英国格林尼治。3 年前，他们也是从这里出发，进行了一次环绕地球，包括穿越南极和北极的探险旅行。在这里，胜利归来的勇士受到了成千上万英国人的热烈欢迎。在鲜花和彩球的簇拥中，他们踏上了装点一新的港口台阶，激动的热泪挤满了眼眶，3 年来的历历往事，又不由自主地涌上心头……

挺进南大洋

　　1979 年 9 月 2 日，拉诺夫等人的环球旅行开始了。

　　3 个月中，他们从格林尼治出发，跨过英吉利海峡到了法国，翻越了比利牛斯山脉，走过了西班牙的原始森林，进入了非洲大陆的燥热沙漠地带，最后到达了南非开普敦。在这里稍事休息后，就登上一艘新型考察船——"桑尼"号，开始了向南极的远征。

　　进入南大洋后，船体便遭受浮冰的挤压，幸运的是他们没有遇到暴风的袭击。即使这样，大海的咆哮声却从来也没有停息过。20 米高的浪峰，形成相应的低谷，将航船抛上抛下，人们被颠簸得晕头转向，站立不住，晚上只好将身体绑在床上睡觉。

　　进入南纬 50° 的海域后，便出现了晶莹亮洁的冰山。它们在阳光的照耀下，光艳逼人，形态奇异，人在其中，宛如置身童话境界。

　　在南极圈内航行的那些日子里，为了对冰山和海洋动物进行系统的考察，他们放慢了航行速度。一次，竟爬上了一座陡峭的冰山，摄了许多珍贵的照片：玲珑剔透的冰岩、展翅飞翔的白鸥；穿波逆浪的鲸群，以及那些躺在浮冰上沐浴阳光的海豹……

　　正当他们留连忘返之际，突然一声巨响，冰山开始震动起来，原来这是一群凶猛的逆戟鲸，妄图用自己宽阔的背脊，顶破冰山底部的浮冰，使探险家落入大海，作为它们的美食。然而，它们没有成功，拉诺夫等

▲科学家研究北极冰川（黄永明 摄）。

人竭尽全力，站稳了脚跟，很快回到了船上。

随着冬天的到来，海洋完全成了一片冰冻世界，"桑尼"号再也无法开动。他们便在冰上搭起了帐篷，计划冬天过去后，乘雪车穿过大陆冰原。

极夜是漫长的，白昼很短。他们便抓紧这宝贵时间外出考察；夜晚，便钻进暖融融的鸭绒被里做着香甜的美梦。

一天深夜，遥远的天际，突然闪出一道红光，穿透了窗帘的缝隙。他们走出帐篷，只见冰原的上空，闪耀着各种绚丽夺目的色彩，刹那间，一个巨大的球形光团在夜空中升起，映起了满天红霞，时而淡如轻纱，时而浓如绸缎。千姿百态，变幻无穷，令人目不暇接。

大自然的神功伟力，把这寒冷的冰雪世界，装点得美妙动人。这一夜，他们提着摄像机，摄下了一个又一个奇妙而又珍贵的镜头。

艰难的攀登

第二天，他们乘着履带式雪地汽车，开始了冰原腹地的远征。他们绕过冰洞，跨越冰缝，经历了艰难困顿，陷入危险境地，然而，好运总伴随着他们，没有发生意外事件。

在这天寒地冻的冰雪王国里，有时也能看到南极特有的海生动物，诸如海豹、海象、企鹅、信天翁……他们收集了大量的资料，并对冰层下的世界进行了声纳探测。

当探险队进入南纬85°地区时，地势逐渐隆起，起伏的峰峦像一条蓝色缎带，飘动在乳白色的天宇下，显得十分壮观。

拉诺夫下定决心，一定要登上南极之巅。经过精心策划，1980年12月13日，他们的汽车沿着探查时设下的标志，开到了南极高山之麓，在这里设下了营地。

通往极顶之路，崎岖陡峭，沟岭纵横。为了攀登方便，他们只用3

▲ 南极企鹅。

乘雪橇，装载必备的食品、生活用品和探险器具。

由于他们小心谨慎，稳步前进，尽管体力消耗很大，速度也很缓慢，但避免了意外事故的发生，保障了人身安全，使他们顺利地登上了南极高原。这里离极顶已经很近，按照里程，本来可以当天走完全部路程。但山路崎岖、陡峭，有的地方没有冰镐开路，一步也难移动。队员们只得原地宿营，等待翌日发起冲刺。谁知一觉醒来，天气突然发生变化，一场猛烈的暴风雪横扫了整个冰原。他们在呼啸的寒风中冒险前进，连眼睛都无法睁开。到了下午，风力虽然逐渐减弱，但行程十分艰险。他们的脚下，潜伏着无数的杀机，稍一不慎，便会落入无底的冰缝。为了闯过这被称为"鬼门关"的死亡地区，他们像在黑夜中探路一样，摸索着缓慢移动。到达南纬88°地区后，他们实在精疲力尽，只得停下又休息了一晚，第二天才登上了南极之顶。原来，这个令探险家们一往情深、不惜牺牲生命孜孜以求的地方，并不像人们想象的那样陡峭、尖削，而酷似一面光洁平滑的镜子。在这里，他们总共花去了9天时间，进行了科学考察和高寒地区生理反应的实验。

巴斯海遇险

在麦克默多海岸美国科学考察站，拉诺夫等人受到了热烈的欢迎。这里设施完备，环境舒适，是一座建设在南极大陆上的微型城市。他们在考察站休整了一个星期，"桑尼"号才姗姗到来。

离开南极后，他们在澳大利亚悉尼港作了短暂逗留，便开始了横渡太平洋的航行。经过南极风暴洗礼的人们，面对眼前的惊涛骇浪，已不感到恐惧。

一天深夜，"桑尼"号驶入东经140°的巴斯海峡。突然乌云密布，星月无光，龙卷风搞得翻江倒海，考察船时而被抛上浪峰，时而被扔进谷底。拉诺夫很快镇定下来，采取紧急措施，将船开到背风的海湾地区，

▲ 麦克默多站，由美国于 1956 年建成，有建筑 200 多栋，被称为"南极第一城"，是南极洲最大的科学研究中心。

才避免了一场灭顶之灾。事后清点人数，发现少了一个名叫恩韦尔的船员。原来，他在同风浪搏斗中，从甲板上摔下海去，来不及呼救，便被汹涌的恶浪吞没，葬身海洋。

这次事件，使拉诺夫心情格外沉重，因为这是由于思想麻痹造成的严重失误。如果自始至终保持高度的戒备，恩韦尔的牺牲是可以避免的。他回忆起从好望角到南大洋的一段艰险航程，他们同惊涛骇浪搏斗，越过浮冰的撞击，都是平安无事；从悉尼到太平洋西岸，比较起来，航程安全得多，却让死神抓去一个"俘虏"。因此，拉诺夫在他的航海日记中提出了这样的警示：作为一个探险家，"不畏艰难和居安思危，是两者不可缺一的基本品质"。

北冰洋巡礼

1981 年 7 月 24 日，探险队离开了"桑尼"号考察船，从加拿大西北部乘汽艇向北进发。

比起南极来，这里的气候条件自然优越得多。7 月的天气，尽管很多地方已经是炎热的夏天，而这里仿佛还是早春季节，冰雪并未完全融

化。沿着波弗特海湾，人们已经可以看到嫩绿的小草和五颜六色的野花。

驶出海湾后，浮冰仍随处可见，远处的冰山像一座高耸的汉白玉佛塔，矗立在湛蓝的海面上。

北冰洋地形复杂，面积宽广。冰山林立、冰川纵横，而且集浮冰之大成。对探险家来说，这些都是小事，最令人心悸的却是一种随着风向或潜流漂游不定的冰块，不注意就会将船撞翻。历代的探险家为了揭开它的神秘面纱，曾付出很大的代价，很多人献出了宝贵的生命。

有一次，拉诺夫站在小艇的甲板上，突然听到一阵阵冰块的猛烈撞击声，霎那间，星星点点的浮冰从远处向汽艇前方潮水般地涌来。在这千钧一发的时刻，他们机智地左拐右突，终于避开一场横祸。几天后，汽艇安全地通过了冰海，在阿克塞尔黑伯格岛登陆。接着，他们乘狗拉雪橇，穿越了莽莽冰原，走完了最后一段征程。

1982 年 8 月，拉诺夫从挪威返回格林尼治，完成了穿越南北两极的环球探险旅行。

▲ 极地冰山。

16 生命的奇迹

- → 出海考察
- → 顶风搏浪
- → 紧急搜索
- → 起死回生

冰山和它的倒影（黄永明 摄）。

在南极水温 –2 ℃、寒流 –15℃的恶劣气候条件下，两名去南极探险的科学家，同砭人肌骨的恶浪搏斗了足足 30 分钟后，终于挣脱死神的枷锁，创造了南极探险史上又一个用顽强意志夺回生命的奇迹。

出海考察

1983 年 2 月 3 日上午 9 点，一架从澳大利亚南极基地戴维斯站起飞的直升飞机，载着 46 岁的中国海洋生物学家蒋家伦和 29 岁的澳大利亚细菌学家伯克，掠过冰山林立的海面，在爱丽斯海峡岸边一块突起的岩石上缓缓着陆。这是他们等待很久的一次机会。因为在南极，很难找到如此令人称心的天气。这天，万里无云，阳光灿烂，是外出考察的最好日子。

高耸的岩石上点缀着一座绛红色的小屋，里面贮藏着衣服、食物以及其他生活用品和航运工具。

他们从里面抬出一艘方头平顶的小木船。11 点钟左右，小船便驶入了茫茫的大海。蒋家伦稳健地操纵着舵柄，眼看着晶莹亮彻的大小冰山和浮冰上喘息的海生动物，心里感到十分

▲ 南极戴维斯站，位于南纬 68 度 36 分、东经 77 度 58 分的南极洲克里斯丁海岸，由澳大利亚于 1957 年建造。几十栋黄绿色的建筑分布在背山面海的山坡上，是澳大利亚所有南极考察站中规模最大的，其规模仅次于美国的博得站和麦克莫多站、俄罗斯的青年站。因其建站时间早、规模庞大，被誉为"南极第 4 站"。

畅快。伯克正紧张地摆弄探海仪，他此行的主要任务，是取得这一海域水深的精确数据。

顶风搏浪

南极的天气就像一个情绪失常的人，说变就变，根本无法预料。

突然，一块巨大的黑云罩住了海峡上空，越压越低，几分钟后，便贴近了海面。他们知道，一场惊心动魄的南极风暴即将到来。顷刻，呼啸的狂风卷起巨浪，小船时而被抛向浪尖，时而又被扔进谷底。接着舵柄失灵，机器熄火，后舱进水……失去控制的小船快速向一座冰山方向冲去。在这千钧一发的紧要关头，蒋家伦用急促的声调招呼伯克："快！扣紧救生服，立即跳海！"

30秒钟后，从汹涌的海浪中清醒过来的蒋家伦，已经不见伯克踪影了。他自己也处于危急之中，凶猛的浪头随时都有可能将他扔向海洋的怀抱。他此刻的命运已无法掌握，更无力伸出救援的手。

后来，蒋家伦在几十米远的地方发现一个桔红色的影子，那是救生服的颜色，才知道伯克仍然活着。为了取得联系，他挣扎着挥动双手，海上的能见度很低，对方没有作出任何反应。

气温越来越低，蒋家伦冻得浑身颤抖，咬紧牙关，拼命地向岸边游去。他知道，如不尽快上岸，不须多长时间，寒冷和海浪准会吞没他的生命。

可是一串巨大的浪涛，把他冲到了离岸100多米的海面。生的欲望，立即像火花一样从他的心灵迸发出来。尽管冰冷的海水使得他手脚麻木，不听使唤，但强烈的求生欲望使他一次又一次地爆发出贮存在细胞深处的微弱力量，向前方艰难地移动。几分钟过去了，才游了50米远。这时，蒋家伦精疲力尽，望着那近在咫尺但又无法靠近的海岸，痛苦万分，耳边似乎响起了死神的呼唤……

也许是命不该绝，正在这生死攸关的时刻，一块巨大的浮冰漂到了他的身边。蒋家伦竭尽全力扑了上去。随着浮冰的倾斜，他爬上了那块晶莹洁白的救命之"舟"。接着，一个一个的巨浪，推着他向前疾进，很快就登上了生命的彼岸。

这时，伯克已先他站在不远处的滩头上。蒋家伦使尽最大的力气，以最大的音量喊出了他的名字。伯克一边应答着，一边拼命地奔向朋友的身旁，两双僵硬的巨臂，终于紧紧地抱在了一起。

他们上午走下直升机时，曾与驾驶员约定下午5点在同一地点登机。如果到了规定时间，驾驶员找不到他们的下落，一定是葬身极地。上岸后的蒋家伦已冻得全身发紫，说不出话来。伯克到底年轻，到了节骨眼上，便显示出了巨大的优越性，他僵直的四肢，经过一段时间的按摩，逐渐恢复了知觉。蒋家伦却久久地蜷屈在地上，一步也不能移动。

这时，伯克忽然惊叫起来："家伦，快，直升飞机……这里不是我们登机的地方！"他爬到难友身边，揉搓着蒋家伦的双手、四肢和躯体，想让他恢复知觉，但仍然站不起来。

最后，他们决定伯克先去高地，蒋家伦慢慢向山坡方向移动。因为他们明白，只有一个人赶在5点钟以前出现在飞机降落的高大岩石上，他们才有生的希望。

紧急搜索

一阵尖厉的警铃声在澳大利亚戴维斯站布雷兹站长办公室急促地响起。他知道，这是有人遇难的信号。根据气象云图，爱丽斯海峡有过一场罕见的海上风暴。

他拿起电话听筒，询问了有关直升飞机接运的情况。回答是肯定的："按约定降落地点搜查的结果，没有发现目标！"布雷兹不等对方说出下一步的打算，便斩钉截铁地下达了"降低高度，向爱丽斯海峡两岸仔细搜索"的命令。

原来，伯克与蒋家伦分手后，已经慢慢地向高地爬去，终于在5点30分以后爬上了高突的岩石，但他已经昏迷过去。

伯克走后，蒋家伦也咬紧牙关，一寸寸地向前蠕动。他的前面，有着朋友淌下的血迹，在他身后，自己流出的血紧紧地与朋友的血交汇在一起，染红了一条通向生命的道路。后来，他实在无力移动了，便痛苦地闭上眼睛。然而，作为一个南极考察的科学家，他懂得，此刻如果昏迷过去，便再也醒不过来了。因为，生命的活力在于运动。他想起了气功能增加体内热量，促进血液循环。他这样做了，几小时后还是昏了过去。

接到基地命令后，直升机沿着海峡两岸低空搜索，当它第二次飞抵岩石上空时，便发现了穿着红色救生衣的伯克，接着蒋家伦也获救了。

起死回生

在戴维斯站的医务所里，医护人员小心翼翼地撕掉伯克和蒋家伦身上结冰的衣服，然后将他们抬到一座备有温水的浴池里浸泡。

经过抢救，伯克很快脱离了危险，蒋家伦却一直昏睡不醒，体温只有30℃。30℃是生与死的分界线。如果不出现奇迹，他的生命将不复存在。现在唯一的希望是他的体温在温水中不再下降。

奇迹终于出现了。半小时后，蒋家伦睁开了眼睛，恢复了说话能力。在场的科学家顿时激动得热泪盈眶，他们为这位勇敢的中华儿女得以起死回生而由衷地庆幸。同时，挂在基地全体人员心上的一块沉重的石头，也终于落了下来。

蒋家伦恢复知觉后，关心的第一件大事就是伯克的安危。

经过几天的治疗，蒋家伦逐渐恢复了健康。

在南极度过严寒的冬季后，蒋家伦平安地回到了祖国。他用生命换取的科研成果，受到了党和政府的重视。他的顽强斗争精神，永远是我们学习的榜样。

17 横穿冰陆的秦大河

北冰洋的冰面风光（黄永明 摄）。

格陵兰岛上一个村庄外的风光（黄永明 摄）。

那是一段漫长而艰险的行程。从南极半岛顶端的海豹岩出发，途经南极点和"不可接近的地区"，直至苏联和平站止步，全程6300千米。谁能否认这是最难最险而且也是最长的一条横穿南极大陆之路。

人类的寻梦没有止境。然而，几个世纪以来，却没有人觊觎过这种死亡的旅行。历史进入了90年代，终于有一天，由6名汉子组成的、分别代表各自国家的国际徒步横穿南极探险队，走完了这条充满死亡和恐怖的艰险道路，谱写了一曲人类意志不可战胜的颂歌，为南极探险史册增添了新的闪光篇章。

别出心裁的计划

这是一次北极的邂逅相遇。

1986年4月，法国医生埃蒂安与美国职业探险家维尔斯蒂克在一间简易的帐篷里，兴致勃勃地谈起了北极徒步旅行的感受。这时，埃蒂安突发奇想，希望自己在完成北极旅行之后，能组织一次自西向东徒步横穿南极大陆的伟大行动。他的想法，立即得到了维尔斯蒂克的赞同。

由于埃蒂安要继续他的北极之行，这件事情便搁置下来。直到同年10月，他们再次在美国相聚，经过多方努力和精心筹备，这项计划才得以付诸实施。

这是一次国际科学探险活动，由他们两人联合组织，美国人维尔斯蒂克担任队长，队员分属5个不同的国家。他们是法国内科医生路易斯·埃蒂安、苏联博士维克多·巴亚尔斯基、英国人杰夫·沙莫和日本人舟津

▲ 秦大河

圭三。参加这次国际徒步横穿南极的还有一位中国科学家，是43岁的中科院兰州冰川冻土研究所副研究员秦大河。

1989年7月16日，探险队一行从美国的明尼阿卜利斯国际机场，乘机飞抵南极的乔治王岛，在那里受到了中国长城站全体人员的热情接待。同机到达的还有42条训练有素的爱斯基摩狗，它们也将在横穿南极大陆的行动中大显身手，为主人创造不朽的历史功勋。

"全天候"的滑雪员

7月28日，探险队从南极半岛拉尔森冰架以北的海豹岩出发，揭开了南极探险史上的新篇章。

第一天，他们进展缓慢。主要是滑雪技巧不过关，其中尤以中国的秦大河困难最大。他根本不会滑雪。为了紧跟队伍，只得加紧练习，摔倒了爬起来，爬起来又摔倒。一边赶路，一边还要学习滑雪技巧。好容易到了宿营地点，这时他已浑身伤痛，精疲力竭。然而，这些困难并没有摧毁他的坚强意志。第二天，又趔趄着跟着大家上路了。8月4日探险队经受了一次特大暴风雪的袭击。他们来不及躲避，两架被吹倒的雪橇在冰坡上翻滚，其中一架折断了主梁。他们只得就地宿营。两天后，风暴逐渐平息，队伍继续前进。

秦大河的滑雪技术，经"登堂入室"，不仅能赶上队伍，还能同另一队员形成搭档，走在前面为同伴"侦察"道路。法国队员幽默地对大家说："秦

▲ 国际横穿南极探险队在途中。

先生将是中国奥林匹克国家滑雪队的佼佼者。"

这以后，探险队前进的速度明显加快，由每天的几千米、十几千米，到后来的 30 千米，很快越过了南极圈。

向南极点挺进

随着东进速度的加快，环境也越来越险恶。除了严寒，最令人心悸的是遍布在雪层底下的冰缝和溶洞。这些天然的陷阱，像一个个暗藏的魔窟，稍不注意，就有可能夺走队员的生命。一次，两条走在前面的狗掉进了冰洞，大家不得不系上安全带冒险下到洞中将它们救上来。有时前面和后面的狗安然无恙，偏偏中间的狗遭此厄难。有趣的是，那些"见多识广"、训练有素的灵性动物，会前后左右同时向不同的方向用力把缰绳拉直，以挽救同伴的生命。

8 月 26 日，到了预定的物资补给站，遗憾的是，除了一望无际的冰原，没有仓库的任何痕迹。几天后，探险队登上

▲ 秦大河在刨冰挖雪。

了海拔 5000 米的梅依豪森冰川。这里虽然没有风暴，但雾气很重，行走不便，所以前进速度缓慢。

此后的地势逐渐平坦，颇适于雪橇滑行，但连日暴风雪肆虐，只得焦急地呆在帐篷里等待天晴。

在南极旅行想找个好天是非常困难的，加上粮食已经所剩无几，无法在这里滞留，时不我待。随着队长一声令下，大家打点行装，冒着风雪前进。一天下来，他们睫毛上挂满了冰珠，衣服表面结了一层硬壳，四肢要想活动自如，就得先用棍子敲碎上面坚硬的积冰。

9月14日，他们找到了新的物资补给站，大家高兴异常。第二天，也许是乐极生悲，两架雪橇带着4名队员，从陡坡上滑下去，落进了一座深谷，秦大河和另一队员的雪橇由于处置及时，万幸脱险。好在谷底是松软的积雪，失事的队员丝毫没有受伤。

10月底，队员们来到了文森峰下，一星期后，帕特里特山大本营的鲜明标志便展现在他们的面前。这里是远征南极点的唯一休整地。往后的道路依然崎岖艰险。在南极高原的脚下，不时崩裂的冰崖威胁着人们的生命安全。因此每当夜幕低垂的时候，大家特别留心，希望找到一个避风而又安全的地方设置帐篷，放心地睡上一宿。

TRANS-ANTARCTICA EXPEDITION
AT THE SOUTH POLE DECEMBER 11, 1989

▲ 国际横穿南极探险队在南极点合影。

12月12日，经过4个半月的艰难跋涉，维尔斯蒂克率领的国际横穿南极科学考察队终于到达了南极点，这是继阿蒙森、斯科特之后，人类又一次借助雪橇和滑雪板到达这个象征着荣誉和骄傲的地区。

"不可接近" 的地区

3天后，探险队离开了阿蒙森—斯科特站的温暖卧室，踏上了第二阶段的征程。首先他们要走完从极点到苏联东方站之间1250千米的地段，这里被称为"不可接近的地区"。由于当时还没有获得可靠的气象资料，因此人们谈虎色变，把它说得神秘莫测，好像进入了魔鬼王国一般。为了闯过这一地区，队员们在出发前做好了充分的思想准备。经过讨论，决定轻装疾进。他们丢掉了许多"奢侈"用品，每人只留身上穿着的服装，食物也严格按照定量配备，以便减轻雪橇负担，尽快通过"不可接近"的魔鬼王国。

然而，当他们闯进去的时候，才发现这个耸人听闻的称号，有些言过其实。所谓"不可接近"，

▲ 阿蒙森—斯科特站的主楼。

只是因为那里距离海洋遥远，不是通向极点的最佳途径，所以在此以前无人涉足。

几天后，笼罩在他们心头的阴霾便一扫而光了，恐怖情绪也完全消失。因为这里的道路虽然坎坷，但比起其他地区来要平坦得多，非常适合雪橇滑行，甚至日行 50 多千米也不感到吃力。

然而，困难还是有的，那就是透彻肌骨的严寒。尽管正值南极盛夏，但气温仍在 –20℃ ~–30℃，队员们体力消耗极大，瘦得皮包骨头，加上满脸胡茬，看上去令人心痛。

这时，秦大河的工作量明显加大了。他要在这人迹不曾光顾的地方采集冰川冻土的有关资料。他每天除了同其他队员一样担任

▲ 秦大河在挖好的雪坑中取样。

喂狗、做饭、清雪、搭篷、打点行装以及搬运物资外，还要挤出一定的时间进行调查。为了取得一个精确的数字，有时得在冰雪中刨挖几十分钟。由于他的顽强拼搏，终于采集到一套完整的南极冰雪资料。

最后一段征程

在苏联东方站仅仅停留了4天，便开始踏上最后一段征程。这里离苏联和平站虽说还有1380千米，由于道路平坦，加上这条路线经常有担任运输任务的拖拉机队往返。有了这些现代化工具的"护航"，大家心里踏实多了，于是加快了行进速度，创造了雪橇日行55千米的纪录。2月份以后，这里的气温竟降至 –60 ℃左右。越往前走，温度越低。他们的狗已经大批冻伤。幸得苏联拖拉机的支持，才将它们送到站上治疗。

3月1日，探险队到达了距和平站仅20千米的地方，冲刺的时间到了。面对着伸手可撷的胜利，大家高兴得手舞足蹈，有的竟向空中挥动双臂，做出答谢人群欢迎的姿态。

谁知就在这欢乐的时刻，一场罕见的暴风雪袭击了他们的营地，冲刺的时间只得向后推延。直到3月3日，天气才开始放晴。随着队长维尔斯蒂克一声令下，雪橇像离弦的箭，飞一般地驶向冰雪茫茫的原野，撒下了一路激昂的歌声和鞭子的噼啪声……

20点10分，国际徒步横穿南极科学探险队，终于按照预订的计划到达了苏联和平站，历时220天，完成了人类有史以来第一次由西向东徒步横穿南极大陆的壮举。

当他们走过苏联科学家用彩色布条拉起的终点线时，队员们一个个兴奋得热泪盈眶。早就等候在这里的数十名各国新闻记者，有幸目睹并摄下了这一激动人心的场面。

秦大河，这位中国的硬汉，自始至终代表着中华民族参与并圆满地完成了横穿任务。他成了中国第一个徒步登上南极点，也是第一个自西向东横穿南极大陆的人，为祖国赢得了荣誉，为民族增加了光彩。

18 冰原上的巾帼风采

阿蒙森－斯科特南极站。

格陵兰岛上的棉花草（近景）（黄永明 摄）。

男人能做到的事情，女人也能做到。历史发展到了 20 世纪 90 年代，恐怕再也没有人反对这个结论了。然而，在特殊的环境下，在地球最偏远最冷峻的角落，在冰雪肆虐的极地冰原，面对死亡的威胁，作为身躯柔弱的女子，能闯进去吗？回答自然是肯定的。这里介绍的就是那些女英雄的故事。

脚踏两极的女人

李乐诗不是专业探险家。在中国香港，她是著名的摄影家和美术设计师。也不知是从什么时候开始，她迷上了"背囊、睡袋、游世界"这一行。经历 20 多个春秋后，足迹遍及 5 大洲 80 多个国家，还不止一次地闯进南北极地的冰原中。人们称她是"脚踏地球两极的女人"。

李乐诗是一位有着强烈爱国情感的中国妇女。她衷心地企盼祖国繁荣昌盛，跻身于世界强国之林，也希望为祖国的强大作出贡献。多少年来，她频繁往来于香港和内地之间，最多时每年不下 3 次。在遍游祖国各地的旅途中，她以无比高昂的爱国热情，频频举起相机，摄下了许多反映改革开放巨大成就的历史镜头。为了让世界了解今日的中国，李乐诗在中国香港、美国、英国伦敦等地多次举办个人摄影展览，让那里的新一代华裔能"进一步认识他们的根"，"了解他们的祖国"。

1985 年 11 月，李乐诗作为中国第二次南极考察队的唯一女性，飞抵了乔治王岛。在长城站的广场上，一杆迎风招

▲ 李乐诗被誉为"香港人的骄傲"，是史上第一位踏遍三极的香港探险家，荣获世界杰出华人奖。先后 10 次赴北极考察，6 次登上南极大陆，4 次攀上珠峰，环游世界七大洲、五大洋 100 多个国家。

▲ 李乐诗以她个人"三极"考察的亲身经历为线索，用自己拍摄的大量照片和亲自制作的生动有趣的动画视频，与大家分享了极地探险的情况。先后出版了十多本有关其探险的心路历程著作及摄影集。

展的五星红旗使她久久贮立，心情激荡。在这里，她看到了中国的希望，以及作为一个中国人的无比骄傲。

还是在很早以前，她便获悉中国在南极建立科学考察站的消息，同许多爱国的香港同胞一样，李乐诗曾久久地沉浸在难以言状的欢乐之中，她为祖国的成功而感到无比的幸福和自豪。她婉言谢绝了许多关心她的人们的劝阻，终于踏上了南极的征程。

在那些冰雪弥漫的艰难日子里，她没有比男人活得更舒适、更潇洒。本来，在男人的理念中，女人受到特殊的保护和优待，被认为是天经地义的事情；而且，在大多数情况下，女人也乐意接受这种保护和优待。然而，这位倔强的女人却谢绝了额外的关怀和照顾，乐意同男人们一同劳动，一同去战胜考察中所遇到的每一个困难和危险，以便分享大家的忧愁和欢乐。除此以外，她还得挤出时间，抓住机遇，去拍摄那些激动人心的珍贵镜头。

这次南极之行，无论是艺术追求，抑或是思想境界，对她来说，都是一次重大的升华。人们惊讶地发现，从南极返回之后，她的胸怀更加宽阔，意志更加坚定，艺术创意也更加深沉。

后来，她又不辞辛劳，风尘仆仆，穿行于北京、上海、广州之间，展出她的充满南极精神和诗情画意的摄影作品，并向北京大学、复旦大学的师生作了考察南极的专题报告,又整理出版了她的南极摄影画册《南极梦幻》。

8个月后,这位自强不息的女人又背着行囊,出现在北极的莽莽冰原上。她从加拿大温哥华向北挺进,终于不远万里,将一块南极石头,安置在北极圈内的一片冻土上。

李乐诗凭着自己对理想的执著追求和坚韧的毅力,在激烈的生存竞争中,不仅在香港稳住了脚跟,而且事业有成,成为一个名噪中外的旅游摄影艺术家。

如果说她的魅力还有比这更重要的原因,那就是她视事业为人生的最高追求,把为祖国和民族作贡献视为最大的幸福和快乐。

她们悄悄去北极

成群的女人到北极去,而且拒绝男人的"监护",这在极地探险史上,恐怕是绝无仅有的。

1980年11月2日,6名莫斯科妇女,避开人们惊奇的目光,悄悄地登上了去中西伯利亚太梅尔半岛切柳斯金角的班机。她们将从那里起步,踏上远征北极的路程。

这6名妇女中,4名是工程师,1名是气象学家,1名是医生。在一次偶然的集会中,瓦列金娜首先表达了她对北极的向往。很快,6颗滚烫的心便碰撞在一起。这就是"女骑士"探险队产生的历史背景。

走下飞机后,她们谢绝了考察站人员的挽留,便急着闯进了茫茫的雪海冰原。夜晚,他们借宿在一家涅涅茨人的兽皮帐篷里,这里跟莫斯科温暖的住宅相比,虽然有着天壤之别,但笑语和歌声并未被荒原的冰雪掩埋。浪漫的北极之旅,在她们看来,正是一团燃烧在胸中的希望之火。

第二天,暴风雪便向她们发出了警示:浪漫的旅行在北极是不存在的,需要的是坚强的意志和毅力,还要有百折不回和勇往直前的奋斗精神。

好容易挨到天黑,计算里程,不过15千米。晚餐后,大家围坐在帐

篷里讨论此后的探险计划，决定每天滑雪 30~35 千米。

事实并不像她们想象的那么顺利。在行进途中，由于近日来风雪弥漫，冻土已铺上一层松软的积雪，不适于滑雪板快速穿行，所以进展仍然缓慢，好容易才穿越了奥斯卡拉半岛。

经过几天的磨炼，这群活泼可爱的天使比以往变得沉稳多了。无论在艰险的跋涉途中，还是在宿营地的帐篷里，再也听不到她们甜美的歌声，也听不到她们痛苦的呻吟，有的只是对计划的认真讨论和对困难的冷静分析。

一次，克洛波娃同另外一名队员一马当先，走在队伍的前面探路，在一条突起的冰脊下面，她们发现一幢半陷在积雪中的小屋，里面空荡荡的，不见人影。令人兴奋的是，房中安放着一只火炉，旁边堆满了干燥的木柴。

"这简直是上帝的精心安排，"克洛波娃高兴地说："我们有什么理由拒绝享用呢？"

于是，她招呼同伴赶快进门。顿时熊熊的大火便噼噼啪啪地燃烧起来。她们一面围炉向火，一面吃着可口的食物。几天来没有出现的笑语欢歌，又在充满温馨的小屋里回荡起来。

冰原中的旅行，除了严寒和艰险外，最令人担心的是遇到白熊的袭击。它看来笨头笨脑的，但性情凶残，每当饥火烧心的时候，便会毫无顾忌地向撞到它视线内的人畜发动拼死的进攻，直至将猎物撕成碎块吞食为止。一次，她们就遇到了一头胖墩墩的白熊，瓦列金娜一阵惊悸之后，便立刻镇定下来，赶忙从行囊中取出猎枪。这时，那家伙似乎嗅出了火药气味，对峙片刻，便转头大摇大摆地走远了。

几十天来，她们沿途都能找到涅涅茨人的小屋，但遗憾的是，眼下不是狩猎的季节，所以屋里空荡荡的，连人影也不见一个。她们除了能在里面躲避风寒外，很难从这里得到任何物资的补充。

这次旅行，历时 40 天，行程 1500 多千米。尽管没有深入极地腹部，也没创造什么惊人的奇迹，但她们却代表全世界亿万妇女，把一面争取男女平权的大旗插到了北极的冰原上。

事实雄辩地证明：妇女在极地探险中，也能像男人一样，拥有自己应该拥有的权利和地位，因为她们完全具备了极地探险的能力，尤其在特别恶劣的生活条件下，比起男子来，她们显得更加耐心，更加坚韧不拔，因而，也更能适应新的艰苦环境的挑战。

中国妇女在南极

早在中国的长城站建成之前，李华梅便作为新西兰的客人成了第一个闯入南极大陆的中国妇女。

李华梅教授是我国著名的地质学家。她的野外考察足迹已经遍布全国所有的艰苦地区。1983年12月4日，机遇将她送上了从新西兰太平洋沿岸的克赖斯特彻奇市去南极麦克默多的飞机，从此，开始了她在南极32天艰苦的科学考察。

对于这次难得的机会，李华梅十分珍惜。按照计划，她要考察南极沿海第四纪沉积物、第四纪火山喷发，以及干谷地区两套岩系的分布规律。她觉得，在和平利用南极资源的科学事业中，中国人也要为人类作出应有的贡献。

在斯科特基地的日子里，李华梅一刻也不停息地工作着。一次，她在一个新生代火山考察时，一块石头从山顶滚落下来，不偏不倚，正好砸在她的腿上，痛得她几乎晕了过去。然而，李华梅硬是挺着干完了应该干完的活。那天，一共采了48块石头；碰巧，也正是她48岁的生日。有时，要背着沉重的装备和岩石标本跋涉数十千米；有时，由于道路崎岖，一个上午，直升飞机得起落十余次，折腾得她头晕眼花……在她再三要求下，科考队把原定的3个考察点扩大成到7个，使这次南极之行成为一次地球化学和古地磁考察与采样的综合性科学活动。

在李华梅教授之后，接着登上乔治王岛的还有王先兰和谢又予。在远征途中，她们都克服了男人们意想不到的许多困难，圆满地完成了科学考

▲ 探险队正在攀登文森峰。

察任务，为祖国作出了贡献，为妇女争得了光彩。

金庆民是中国第三次南极考察队的又一名巾帼英雄。在长城站逗留的那些艰苦的日子里，她顶风冒雪，脚踩坚冰，进行了一系列野外考察，获取了许多珍贵的地质资料。1988年她应邀参加中美联合登山考察队，征服海拔5140米的南极最高峰——文森峰。

深夜，一架从智利南端飞往文森峰附近爱国山营地的飞机，降落在简陋机场上。说是深夜，其实太阳还没有"下班"，不久，他们便到达了设在文森峰山麓的登山大本营。

一名加拿大高山向导在这里接待了他们。考察队长迈克告诉大家，文森峰一年中只有夏季中的3个星期适于登山。即使如此，山上的气温也低达 –40℃。如果巧逢正常天气，一星期左右便可登上峰顶。

金庆民是登山队的唯一女性，而且年过半百。她的出现，自然引人注目，队里的美国朋友总是向她投以敬佩的目光。

11月28日上午8点，随着迈克队长一声令下，早已集结待命的登山队员们便开始向1号营地进军。登山队总共6人，除金庆民外，每人拉一辆滑雪车，吃力地缓缓向上攀登。金庆民则站在陡滑的冰坡旁，帮助大家推拉。好在天气不错，到了中午时分，1号营地的选址便很快确定了。他们刚刚建起帐篷、正准备午餐之际，天气突然阴了下来，接着狂风呼啸，飞雪漫天，直到午夜时分才停止。

第二天，他们又从1号营地出发，向2号营地挺进。这里地势陡峭，最大坡度60°，没有冰镐开路，根本无法攀登。

金庆民艰难地走在队伍中间。由于小腿扭伤，每走一步都感到钻心的疼痛，加上几天来大量消耗体力，像她这样年纪的人，不是一朝一夕能够恢复的，所以行动起来，力不从心。看到她步履艰难的样子，好心的美国朋友建议她留在1号营地休息。这个倔强的中国妇女坚持要与大家同行。人们只得从她身上卸下部分行囊，以表示对她的关怀。坡越来越陡峭，有的地方几乎是垂直的，看来，一个年近半百的受伤妇女，仅凭一颗赤诚的爱国之心和坚韧的意志，是无法到达文森峰顶的。

▲ 南极最高峰——文森峰。

那些关心她的美国朋友虽然可敬，但他们却无法了解这位中国女人的崇高心态。这些天来，她和美国人平等相处，不卑不亢，从不示弱，更没有一点奴颜媚骨。不管在什么情况下，她想到的是：自己是中国人，肩负着为国争光的历史责任。

后来，还是两名中国队员做通了她的思想工作。

"金老师，放心留下吧，有我们哩。"

金庆民这才含笑地留了下来。

在继续向2号营地攀登的途中，3个美国人累得几乎爬不动了，还是中国队员李致新、王勇峰一路接应才得以安全到达。队长迈克虽然身体强健，但不善攀登雪坡，几次遇到危险，都是中国队员救了他。死里逃生的迈克，对中国朋友充满了感激之情。从此，他们承认了一个真理：中国人是有实力的。

在冲刺过程中，一马当先的中国队员，同美国人柯瑞斯一道，登上了被称为B峰的峰顶。后来他们发觉还有一座比这更高的山峰，经鉴定确认后，两名中国队员同柯瑞斯结成一组，向被称为A峰的真正主峰发动了冲击。

A峰陡峭峻拔，比B峰更难攀登。经过数小时的拼搏，李致新于当地时间5点06分第一个到达了峰顶；接着，柯瑞斯、王勇峰也相继爬了上来。他们紧紧地拥抱在一起，激动的泪花在眼眶里闪动。

一天之内他们征服了两座南极高峰，这在世界登山史上是一项令人咋舌的奇迹。

在通向2号营地的一面陡坡上，金庆民久久地伫立着，直到最后一个身影消失在银白色的山坡上，才转身向1号营地缓缓地走去。这时，她才沉重地感到自己落后了。为了摆脱烦恼和孤寂，金庆民从帐篷里拿出了地质包，奔向冰坡上一道裸露的山脊，开始了为期4天的地质调查。她测量岩层，绘制图表，每天连续工作10多个小时，多次从陡崖上滑倒，有回竟掉进了冰坡的裂缝中。幸亏她手里的冰镐帮了大忙，才艰难地爬了上来。

经过顽强奋斗，金庆民终于取得了极大的收获。在南纬

$78°34'\sim78°28'$，西经 $85°42'\sim85°45'$，发现了一座藏量丰富品位很高的赤铁矿床。高兴之余，她把一面鲜艳的五星红旗插在矿层的露头上……

金庆民，作为联合登山考察队员，虽然未能登上文森主峰，但留在1号营地休养期间，为考察南极地质作出了引人注目的贡献。

飞越北极的茜拉

世界上第一位登上南极大陆的女人，是一名捕鲸船长的妻子——米克尔森夫人，这是20世纪30年代中期的事情。到了40年代末期，又有2名美国妇女在那里度过了漫长的极夜，从此，登上这块陆地的女人便逐日多了起来。

至于北极，由于自然条件相对优越，而且贴近人类聚居的村落，所以造访那里的女人更加频繁。

一天，有个名叫茜拉·斯各特的英国妇女，突发奇想，决定驾机飞越北极上空。她的计划宣布后，立刻遭到了大家的嘲笑，因为这时，她只是一名影剧院的普通服务人员，连汽车的方向盘都不会操纵。

她是一个说到就要做到的坚强女人。经过努力，茜拉终于以优异的学习成绩，结束了飞行学校的学业。到1964年为止，她已经有了100多小时的飞行经历，并在航空比赛中获得奖励。

她变卖了家产，买了一驾崭新的双引擎飞机，准备将她飞越北极的空中之旅付诸事实。

她不屈不挠的奋斗精神，加上不断取得阶段性的飞行成果，使她的朋友和世界各地的航空爱好者深表敬佩，向她表达了由衷的关切和美好的祝愿。

1971年年初，她在规定的地点起飞，很快到达了挪威。为了抢在盛夏季节飞越北极上空，她竟冒自控装置失灵的危险，穿过厚厚的云层，冒雨飞行达11小时之久。钻出云层后，她才听到了地面无线电呼唤的声音。遵照命令，飞机才在格陵兰一个小小的夏季考察站着陆。

站上的机务人员检查了她的飞机，发现前轮失控。修理后，第二天又重新飞上了蓝天。

　　由于空高气候寒冷，机身结满了厚厚的坚冰，致使飞行速度减慢。后来，她钻出了云层，积冰才慢慢融化，机身也显得轻快多了。

　　当飞机越过北极点时，她高兴得大叫起来："我的脚下就是皮尔里捷足先登的地方！"

　　接着，她向这里投下一面英国国旗，然后拉大油门，疾速向阿拉斯加飞去。

　　不久，她的耳机中响起了巴罗机场传来的呼叫声，告知她这里的天气情况。尽管大雾弥漫，不适宜降落，然而，飞机的燃料即将耗尽，她除了冒险求生外，已经别无选择。

　　在机场上空，她盘旋了大约10多分钟后便下定决心，开始往下滑落。顿时，机场的宽阔跑道奇迹般地向她伸开了长长的臂膀，场内的一切设施全都收揽到她的眼底。茜拉高兴极了。原来，当她决心下降的时候，大雾便逐渐淡薄，随后飘散……

　　她按规定又从这里再次飞往赤道，完成了人类有史以来第一次妇女驾机飞越北极的壮举。

　　她的行动证明：在极地飞行中，妇女也跟男人一样，同样是不可战胜的。

19 极地趣闻

南极望远镜。

白熊的奥秘

去北极的人，没有人不盼望见到那被称为冰原霸主的北极熊，因为它是北极的象征。

北极熊，又称白熊，它给人的印象是残忍。在挪威斯瓦巴德州州府朗雅宾机场的候机厅里，一幅招贴画格外引人注目：一头肥硕的北极熊瞪着贪婪的眼睛大模大样地向人们走来。下方的警语是："随身携带你的武器，防备北极熊的袭击。"所以去北极考察的人，除了遭受严寒、冰裂、暴风雪的袭击外，还必须提防北极熊的进攻。

据说白熊饿极了的时候，会把活人当做美食充塞饥肠。其实，也不尽然，在大多数情况下，北极熊是不伤人的。

著名的动物学家赫斯，为了揭开北极熊生活行为的奥秘，曾专程去北极进行了跟踪考察。在万里冰封的赫德森海湾西岸，常常能见到几百头北极熊游逸在冰面上；到了夏天，由于浮冰融化，它们才转移到陆地上。

赫斯乘一辆狗拉爬犁到达了考察的目的地。在雪地上，他找到了一长串清晰的脚印。跟踪前进，在一片粉妆玉砌的冰坡，发现了一个黑色的洞窟，里面露出一个毛茸茸的大脑袋。这是一头母熊，它用好奇的目光，注视着眼前的这位不速之客。

为了摄取这个珍贵的镜头，赫斯冒着生命危险，手里举着照相机，缓缓地逼近洞窟，同行的助手则平举猎枪，躲在他的身后，准备随时应付白熊的突然袭击。不久，洞内又钻出一对小小的脑袋，显然，这是两只

▲北极熊母子。

可爱的幼熊，正在争先恐后地向外张望。这真是千载难逢的机会。他步步进逼，直到相距10米的位置，才按照相机的快门。这时，大母熊猛地蹿出洞来，摆出了进攻的架势。为了表示友好，赫斯立即从衣兜里取出干肉，扔向母熊，气氛才缓和下来，接着他又扔出许多食物，并且不断靠近。只见它们大口大口地争食着那些美味的干肉，丝毫没有发动攻击的意思。他的胆子更大起来，想趁机摸弄小熊的脑袋。谁知这一举动激怒了母熊。随着一阵"吱吱"的尖叫声，前爪便急切地舞动起来。赫斯懂得，这是一种警示，此后再也不敢在这方面进行试验了。

通过这次考察，他还发现了北极熊家族中许多不为人们了解的行为奥秘。不要以为北极熊总是那样残暴凶狠。其实，在一般情况下，它是不会主动向人发起进攻的，甚至可以同人亲善友好，互不侵犯。

北极熊栖息在北冰洋的冰山、岛屿和沿岸地区，躯体硕大，重约三四百公斤，最大的可达1000公斤。全身长着又密又厚的长毛。像变色龙一样，它的毛色能够随着季节变换，夏季呈淡黄色，一到冬季，浑身上下便白得像雪一样。它的颈部很长，脚掌心长满了长毛，以利雪地行走和悄然接近猎物。

北极熊是出色的"游泳健儿"。夏季，随浮冰向北漂流，到了冬季又回到海岸和岛屿周边活动。食物以海豹、北极狐、海象、驯鹿为主，还有鱼类和鸟蛋，只是在特殊的情况下才啃取植物充饥。

别看白熊笨头笨脑，当它猎捕的时候，却表现得非常机敏诡诈。在赫斯的北极考察中，便目睹了北极熊猎捕海豹时的精彩表演：

一头北极熊趴在冰上，双目炯炯地注视着前方。原来在大约100米远的地方，有3只海豹，懒洋洋地躺在浮冰上晒太阳，不时地抬起头来，看看周围的动静。但它们没有发现远处正潜伏着白熊。这时，北极熊利用一切可以隐蔽的地形，匍匐蠕动，悄悄逼近。等到时机成熟，便以迅雷不及掩耳之势，猛扑猎物。这时海豹一阵尖叫，本能地钻进了狭小的冰洞，用肥胖的屁股堵住洞口，以为这样就可以高枕无忧了。这只会给白熊一个捕猎的好机会。因为海豹的尾巴已被白熊咬住，轻而易举地将它从洞中拽了出来，成了它的美味佳肴。

白熊还有一种捕猎的绝技。当它发现远处浮冰上栖息的海豹后，便会立即跳进冰冷的海水中，潜泳到猎物身边，出其不意

▲ 北极熊捕获海豹。

地发起偷袭，常使海豹无法逃脱。冬天，北极熊还耐心地守候在冰洞旁边，只要猎物露头，准会成为它的俘虏。

北极熊不仅皮毛厚密，体内还有一层厚脂肪，因而不畏严寒，整年在冰天雪地里游荡觅食。只有临产的母熊，才在每年 10 月以后，进洞冬眠。

北极熊的寿命，一般在 30~50 年。

不冻湖之谜

南极比北极更冷，人们习惯地把它称作"冰的大陆"。在这里，夏季的气温可达 -30℃，冬季测得的最低气温则在 -90℃ 以下。

不可思议的是，在这样冷酷的冰冻世界，居然还有一座面积超过美国加利福尼亚州的"不冻湖"。它的精确面积是 483600 平方千米。

"不冻湖"形成的原因，众说纷纭，莫衷一是。一种观点认为，南极经常刮起的强风，使湖水处于永无休止的运动状态，所以不会冻结。然而，科学实验表明，目前地球上还不能形成一股强风，足以造成面积如此之大的不冻湖面。

另一种假想则认为，在南极地区，500 米深处的水温高于海面，因为那里的海水不直接接触南极地区的冷空气。在这种温差的作用下，使得海

水产生了垂直方向的运动，形成一个漩涡。靠着它的影响，底层的海水便会卷到湖面，从而提高了表面温度，防止了结冰现象。

在承认深层水温较高的前提下，美国哥伦比亚大学的阿纳德·戈登博士，则把这种"不冻"现象归结为淤积于冰层下的盐分，使海水密度增加，导致重量超过了底层的海水，从而产生了上下对流。照此推算，这个对流层有几百米深和80米宽。其中密度高、温度低的海水"沉"下去，而密度低、温度高的海水"浮"上来。这就是"不冻湖"形成的奥秘。

然而，专家们却不能毫无保留地接受这种观点，因为"不冻湖"具有不稳定特性。根据测定：每隔几年它便会消失一次，不久又会出现在原来的地方。这种消失与存在的往复现象，戈登博士的理论是无法解释的。

1981年，苏、美曾联合组队对这一地区进行专门的考察。遗憾的是，这年没有出现"不冻湖"现象。不过，他们仍然测得了几千个数据。值得注意的是，在这次考察中，他们发现了"不冻湖"水域之内有无数温度较高的气泡，范围与戈登设想的对流层区域完全一致。

近年来，一些美国的科学家对"气泡"现象表现了极大的关注。他们认为，由于"气泡"的不断上升和扩散，将深层的水温带到了表层，这就是"不冻湖"形成的根本原因。

这些气泡又从何而来呢？至今却没有人提供科学的解释。

驯鹿·蚊子·麝牛

北美驯鹿是北极苔原上的一种喜爱群居的动物。主要生活在亚欧大陆和北美大陆北部，以及北冰洋的一些岛屿上。它身长2米，高一米三四，不分雌雄，头上都顶着两支开叉的犄角，美丽极了。

驯鹿有着大而厚实的蹄子，适于在雪地和沼泽地上行走，所以很少陷进泥潭和雪坑里。与其他动物相比，它的胃口最好，而且从不挑剔"饮食"，无论是草根、树叶，抑或是浆果、蘑菇，甚至枯死的地衣，都是它们的美味佳肴，直到把肚子胀得鼓鼓的才肯罢休。

每年的五六月间，是雌鹿产仔的时期。野生的驯鹿，现在只有北极圈以内地区及北冰洋岛屿上还能看到，其他地区均已成为人工饲养。

驯鹿性情温和，喜欢群居，并且有明显的季节迁徙习性。

它们行动的时候，阵容庞大，气势宏伟，有如春潮涌动，非人力所能遏止。

▲ 驯鹿。

一次，赴北极专程考察动物的赫斯，目睹了这惊心动魄的一幕。那天，疲惫不堪的人们正准备钻进睡袋休息时，突然传来一阵震天动地的奇怪响声。大家迅速奔出帐篷，只见远处卷起一层褐色的烟雾。原来是一大群正在迁徙途中的美洲驯鹿，顶着无数分叉的角支，在蓝色的天宇下，就像一片低矮的丛林，正朝着他们的营地滚滚而来。

赫斯懂得，这股洪流是难以阻挡的。如不当机立断，采取紧急措施，他们的营帐、器材，乃至人的生命，就会毁于瞬间。在这千钧一发的当儿，赫斯下令开枪，企图用"砰、砰"的声响来阻止它们前进。然而效果不佳。于是，他立即撕下帐篷，把汽油浇在上面，燃起了熊熊的烈火。这一招倒挺灵验，终于迫使驯鹿的先头部队绕道前进。好久好久，他们还能听到鹿蹄敲击大地的"哒哒"声。

有一天，赫斯发现一群驯鹿正在附近觅食，便悄然靠拢，准备认真观察。这时，伴随着一阵沉闷的"嗡嗡"声，远处的低空飘来了一块乌黑的"云层"。充当向导的爱斯基摩人对他说："快，蚊子风暴就要到来了！"原来，北极夏天的蚊子极为猖獗，它们成群成片地活动，寻找吸血对象。这次，

▲ 北极蚊子。

是冲着觅食的驯鹿来的。听到声音后，鹿群立刻扬蹄奔逃；几头受伤的行动迟缓，很快便成了蚊阵的攻击目标。凡是它们身体裸露的部位，便像罩上了一片黑云。不久，蚊子就吸干血液，驯鹿也就停止了呼吸。

在北美大陆北部，格陵兰和加拿大北部北冰洋中的群岛上，还生活着一种名叫麝牛的野生动物。有人还把它叫做麝香牛。麝牛并没有香腺，仅在交配期才从眼下腺内分泌出一种带有麝香气味的物质。

麝牛前半身的脊背上有高高的肉峰，全身披着褐色长毛，前额两侧长着一对弯曲的犄角，质地坚实厚重，是御敌的天然武器。它外形像小牛。冬天，它们在无雪的高地活动；夏季，则群集于水边低矮的灌木丛中觅食。

有趣的是，它们非常疼爱幼仔。若遇敌进攻，成牛便会自动围起一个水泄不通的圆阵，将小牛圈在中心。有时，它们会迅速撤至陡峭的山崖下，拉开长蛇阵势，把幼仔放在后面，然后低下犄角，怒目圆睁，作出搏斗的姿态。它们在北极的野生动物中有着不可侵犯的独立地位，即使是最凶恶的北极狼，也要让它们三分。

由于麝牛有很高的经济价值，所以长期以来成为捕猎者的重要目标，以致数量急剧减少。近年来，美国和加拿大相继制定了保护麝牛的有关法律，并在北美地区建立了人工养殖地。经过引进和科学管理，麝牛又在已经灭绝的亚欧大陆北部苔

▲ 麝牛。

原地区繁殖和发展起来。

磷虾·海豹·蓝鲸

磷虾、海豹、蓝鲸，是南极的象征。

磷虾，也叫南极虾。因为眼睛特别黑，又管它叫"黑眼虾"。虾长约6~8厘米，外形酷似对虾。眼柄、胸部和腹部有微红色的珍珠形发光器，能发出粉红色的磷光。这大概是它的学名的由来吧。

磷虾大都成群结队浮游于20~40米的海水表层中，在近百米的深水中也常见它们的踪迹。虾群积聚厚度一般为20~30米，有时积聚更厚，长度由几百米至几千米不等。

▲ 南极磷虾。

由于它的密度大，且浮游于水面，竟使大片海水呈赤褐色。因此，南大洋又有"红色海洋"之称。

磷虾含有大量的营养成分。据澳大利亚和阿根廷的科学家估算，只要每年捕捞7000万吨，就能为世界1/3的人口提供人体所需要的基本蛋白质。

有人说，南大洋好比是一个天然的牧场，饲养着各种海洋动物，诸如海豹、企鹅、鸟类。它还是世界上产鲸最多的地区。这些数量众多的动物，它们靠什么生活呢？在冰冻的南大洋牧场上，有一种叫硅藻的单细胞生物，别看它身躯细小，也同岸上的其他绿色植物一样，有着光合作用的本领。特别是惊人的繁殖能力，为一般绿色植物望尘莫及。硅藻不仅含丰富的蛋白质和多种维生素，而且散发出一种类似鲜草的芳香气味，是南极磷虾和其他中小海洋生物的上等饵料。

磷虾吃硅藻，大型动物吃磷虾，这样就形成了一条以硅藻为基本饲料

▲2008年1月4日，我国第24次南极科学考察队大洋考察队队长张永山在观察一只南极磷虾。

的食物链。

磷虾虽是一种很小的海洋动物，但在南极海区占有非常重要的地位。鲸鱼和海豹均把磷虾当成养命之源。所以人们给磷虾赠送了一个雅号——"南极生物大厦的基石"。如果没有磷虾，南极海洋上的"居民"将感到生存的威胁。

对人类来说，磷虾资源的开发具有重大的意义。近年来，科学家们使用各种方法推测它们的数量，从得出的结论看，大约在几亿吨到几十亿吨之间。它肉质鲜嫩，营养丰富，是佐餐佳品。因而具有重要的经济价值和商业性开发的诱惑力。目前，世界上已有许多国家正在加紧对南极磷虾进行研究，以达到既要进行有效的开发，又要保证这条食物链的延续不断。如果捕捞过度，将从根本上动摇南极生物大厦的基石，使整个南极动物遭到毁灭性的打击。

世界上的海豹种类很多，其中常见的有威德尔海豹、食蟹海豹、罗斯海豹和肉食海豹等，而南极在数量上占绝对优势，多达1300万头。海豹是一种奇特的哺乳动物，从形态上看，肥胖浑圆，两头细小，中间粗大，活像一个鱼雷。它善于游泳，但不能像鲸鱼那样在水中产仔，更不能在水中哺乳，所以它们常常栖息在岸上或浮冰上。只要是风和日丽的天气，准能看到星星点点的威德尔海豹懒洋洋地躺在冰块上，构成一幅美妙的图景。

海豹笨头笨脑，胆子很大。当人们逼近的时候，它们从不戒备，表情木然，有时会抬起那个可笑的圆形脑袋观察动静，然后又放心地把头放下，继续它的睡眠。

成年的海豹，有着大而尖的门牙，用它可以锯开坚硬的冰层，形成一个通气的洞窟，必要时可以吸进新鲜的空气。凿冰的工作是很繁重的，必须不断进行，否则，冰洞又会堵塞。一些老年海豹，往往由于门齿磨损、折裂，无法开通气孔，造成窒息死于冰下。

最惹人喜爱的是食蟹豹。比起威德尔海豹来，它小巧灵活，体长最大的也只有 2.4 米。新生仔呈淡黄色，成年后浑身白毛，并有不规则的浅灰斑点，两肋和背下部特多，五彩缤纷，十分美丽，素有"南极的海豹"之称。它反应灵敏，警惕性高，不容易成为天敌的俘虏。

罗斯海豹虽然和食蟹海豹一样专门栖息在冰丛上，但生活习性不同，总是独来独往。平时喜欢睡觉，不爱活动。遇到天敌时，能很快地逃避。

罗斯海豹还有一种奇怪的生理机制。在肥厚的颈上，有着很长的皮褶，头能够自由屈伸。

食肉海豹除分布在南极沿岸和亚南极区域外，温带地区也有它们的足迹。它性情凶猛，除了大尖牙和门齿外，还有一排尖利的臼齿，具有很强的袭击能力，平时以其他海豹和鸟类为猎捕对象，饥饿时甚至敢袭击鲸类。

海豹家族，一般都有出色的潜水本领，能承受巨大的深水压力，在大约 12 分钟内，垂直下潜四五百米，又能安然无恙地浮出水面。科学家发现，海豹的血管具有惊人的耐压力。在几米深的海下，即使被压成扁平状，也不会破裂。加上它的心脏具有强大的收缩力，所以在水下可以把肺中的气体压入气管，从而阻止氮气进入血液中。海豹在潜水时，心跳速度可以减慢到每 10 分钟搏动一次，除心脏、鳍和脑以外，其他器官一律停止供血，使氧气的消耗降到了最低限度。

海豹的毛、皮、肉都有很高的经济价值。从 18 世纪

▲ 海豹。

开始，欧洲的捕猎手便对它们进行野蛮的捕杀。只要发现一处海豹的栖息地，便群起而攻之，直到将其斩尽杀绝为止。所以到了 19 世纪 30 年代，除南极大陆沿海地区还能找到一些幸存者外，南极附近的大小岛屿，几乎再也看不到它们的踪迹。

鉴于上述情况，1972 年，12 个南极条约国缔结了《南极海豹保护公约》，禁止捕杀海豹。人类的关怀是有成效的，近年来，南极海豹的数量已经有了明显的增加。

南极海域还是各种鲸类的集中地。其中有号称"动物之王"的蓝鲸、"海上霸王"的虎鲸、"潜水冠军"的抹香鲸，以及"会唱歌"的座头鲸等。

▲ 蓝鲸母子。

蓝鲸是迄今地球上最大、最重的动物。据有关资料记载：最大的蓝鲸，体长 34 米，重 170 吨左右。它并不像人们想象的那样凶猛、贪婪。尽管蓝鲸的胃口很大，却不以海兽为主要食物；它最爱吃的是南极磷虾，每天约需 4~5 吨。

鲸类具有极高的经济价值。正因为这样，蓝鲸也遭到空前的浩劫。过量的捕杀，使它们的数量急剧减少。国际捕鲸组织虽然制定了许多保护鲸类的条款，但收效甚微。

企鹅·海燕·贼鸥

南极企鹅品种繁多，常见的有皇帝企鹅、阿德雷企鹅、帽带企鹅、金图企鹅和王企鹅 5 种。各种企鹅之间，一般都能友好相处，互不侵犯，但集群之间是壁垒分明的。

企鹅毛色美丽，步履蹒跚，虽有羽翅，但不能飞翔。除了产卵和孵化，大部分时间生活在海洋上。凭着双翅，它的游泳技巧和速度，可以同鱼类媲美。

别看它一副绅士派头、呆傻憨厚的模样，其实，它是一种非常聪明的动物。当人们将它置于高高的栅栏中时，它们会采用搭"人梯"的方法逃跑，倘遇"追兵"，则大模大样地踱着方步，装成若无其事的样子。

▲ 企鹅。

企鹅有眷念故土的本性。即使被运到几千里以外的地方，只要解除"监禁"，它们便会日夜兼程返回原来的家园。经过研究，人们发现它们借以辨别方位的定向标志就是太阳。企鹅前进的方向就在太阳的右方，不管怎样，总是朝北的。如果天空多云，企鹅就不能保持朝着正北方向前进了。

皇帝企鹅是企鹅之王。英国生物学家亚当斯、鸟类学家罗纳德和摄影师彼得 3 人组成的考察组，在南极进行了一次鸟类考察旅行。

轮船沿着海岸缓缓行进。螺旋桨激起的浪花，将磷虾搅到上面，那些嬉游在水里的企鹅，便挤上来争食，绝无一丝惧色。

皇帝企鹅是企鹅家族中最漂亮的成员，它的形态比金图企鹅和安德雷企鹅迷人多了。高高的个头，长长的细嘴，脖子上集中了 5 种色彩。头和脸呈深黑色，雪白的肚皮。脊梁光滑乌亮，缀有灰色斑点，就像一个大腹便便的绅士。

皇帝企鹅栖息在冰岸边缘地区，经过整整一个夏天的休养后，长得又肥又胖。三四月间便登上冰岸，排成整齐的行列向南行进。凭着本能，它们来到远离大海的"产科医院"后，雌鹅便开始产卵，在一旁护卫的"丈夫"用深情的目光注视着"妻子"腹部缓缓颤动。不久，一个 0.5 千克重的大蛋便生下来了。雄企鹅立即用弯曲的喙把它卷进自己两腿间的肚囊里保存起来。这是一个天然的孵化箱，在雄企鹅孵蛋开始后，雌企鹅便返回海中觅食，为哺育未来的小生命作好准备。孵蛋期间，雄企鹅废寝忘食，不畏风寒，临危不动。忠于职守的"父亲"有时宁可自己被风雪埋葬，也不离开窝边一步。这种护卫后代的精神，确实令人感动。小企鹅孵出后，雄企鹅已经饿得骨瘦如柴。这时，大腹便便的"妈妈"便回来了。它凭着声音能辨认出自己的亲属，从此小企鹅便移居到"妈妈"的肚囊内，由雌企鹅担负起抚育的任务，直至小企鹅能独立谋生时为止。

在中国南极长城站右侧的山坡上，有一种名叫巨海燕的海鸟。体型高大，羽毛呈银灰色，体重5千克左右。它用碎石筑窝，产下一个大蛋，然后在腹下孵化。巨燕对人类毫无戒备，即使触动它的孵卵，也处之泰然，不动声色。然而，当小海燕出生以后，如果有人碰撞它的幼仔，定会遭到它严厉的报复。

南极除了巨海燕，还有一种小如家鸽的雪海燕，体型巨细不同，世代栖息在地球上风暴最多的南大洋地区。在长期的生存竞争中，练就了一身驾驭长风的过硬本领。它们都是风暴的宠儿。暴风肆虐的南极海洋，便是它们乐以忘忧的天堂。

在南极的鸟类中，有一种被称为"鸟中之霸"的贼鸥。顾名思义，它的习性就不言而喻了。它贼头贼脑，一身棕黑，满脸杀气。平时，它们吃同类或海豹的尸体，无法满足时，便争抢海鸥口中的食物，如遭到拒绝，则发动凌厉的攻势，直至对方吐出食物为止。在企鹅产孵季节，是它做"贼"的大好时机。稍有大意，鹅蛋便不翼而飞，成了它的美餐。

▲ 南极巨海燕。

中国南极考察队刚登上乔治王岛不久，就遇到了这两名"不速之客"。开始，它们只偷吃剩饭剩菜。后来竟从食品箱里偷走了成块的猪肉、牛肉，连鸡蛋也不放过。因为当时房子尚未建成，堆在露天的食品自然成了它们光顾的目标。

贼鸥偷窃成性，手段高明。见到人的时候，常会翩翩起舞，惹人高兴。稍不注意，它就准备"作案"；如果被人发现，便佯装没事，又唱又跳；反之，就发动突袭，叼起就飞。

贼鸥的专横跋扈也是很有名的。它可以侵袭别的飞禽领地；一旦有人靠近它的"国土"时，便会奋起自卫，凶猛程度在鸟类中是罕见的。这种拼死的战斗，并不是无缘无故的。仔细观察便会发现，原来这只"贼鸥"是在抚育幼仔。"母子连心"，贼鸥也不例外。

五彩缤纷的极光

极光是极地特有的一种自然现象。

地球南北两极附近地区的高空，夜间常能看到五彩缤纷、光艳夺目的奇景。一般呈带状、弧状、幕状和射线状。所以有时它像一条绿色的缎带，从天空中斜垂下来；有时又像一个赤热的火球，映起满天红霞。不久一顶色彩艳丽的伞状光团，轻盈地飘荡四散的流光中，不时地变换着形状。极光有玫瑰红、宝石蓝、翡翠绿、金菊黄等，爆发时流金溢彩，满目生辉，仿佛一团团"火焰"在空中燃烧。

极光开始显现时，大都是一条中等亮度均匀的光弧，以直线或曲线的形状横空伸展，形成一条又宽又长的光带，并在移动中不断改变自己的状态和亮度。所以极光出现的时间，有的只是光华一闪，转瞬即逝，有的却能持续很长时间。

140多年前，一位航行在南极海区的探险家曾生动地记载过他见到的南极极光的瑰丽景观："时而像高耸在头顶的美丽圆柱，时而又像一幅拉

▲极光。

开的帷幕，后来，又变成了螺旋形的彩带……"

在科学滞后的古代，人们尽管观察到了这种现象，却无法了解它产生的原因，便把它同战争、灾异联系在一起。在西方，极光则被认为是一种凶兆。直到18世纪初期，欧洲的航海家还顽固地保持这种传统的看法。

极光是一种极地特有的自然现象。科学家们发现，绚丽多彩的极光同太阳的活动有着密切的关系。当太阳的内部和表层的带电微粒射进地球外围的高空大气层时，就和稀薄的气体分子猛烈撞击，从而发出闪耀的光辉，这就是极光形成的原因。大气中存在着氧、氮、氖、氢等多种原子。氧原子受激发出红光、绿光；氮原子受激发出紫光、蓝光、红光；粒子本身也能产生微弱的黄光或红光。正因为这样，才形成了极光的绚丽多彩、娇美多姿，堪与焰火媲美的壮丽图景。

极光出现的频率与太阳黑子的活动有着直接的关系。太阳黑子多时，放射出的带电微粒就多，极光就多；反之则相对减少。极光的形成主要由太阳喷发出的粒子流沿着地磁力进入地球大气，使大气粒子受到激发和电离，当被激发的大气粒子通过辐射回到基态时，就发出彩色的光。一般出现在地磁极 20°~25° 处。我国黑龙江、新疆有时也能看到。极光出现高度在 70~1200 千米，大多在 90~130 千米。

爱斯基摩人

格陵兰是一个面积 217 万多平方千米的岛屿，位于北冰洋和大西洋之间。4/5 的土地位于北极圈内。那里终年积雪，一望无际的冰盖，仅次于南极大陆。岛上的居民大部分是爱斯基摩人。

爱斯基摩人有棕黄色的皮肤，黑色的毛发，下颌比较发达。近海的主要从事捕猎海兽、海鱼，内陆的主要以狩猎为生。

爱斯基摩人的历史至少可以上溯到 4000 多年前，主要生活在北极圈附近。长期以来，他们在冰原上过着游猎生活。凭着一叶轻舟和海洋中的最庞大的鲸鱼搏斗；用一杆梭标，与凶猛的白熊较量。他们是世界上最强悍的民族。

爱斯基摩人长期以来保持着自己独特的生活方式、语言和文化传统。他们勤劳、勇敢、纯朴、善良。当中国北极考察队员同他们交往时，便能看到他们友善的微笑。相处几天后，逐渐亲密起来。他们就会把一块冰冻的生鲸肉塞进客人的嘴里。

爱斯基摩人的传统住宅有帐篷，也有零散分布用石头垒砌的小屋，外面涂上一层厚厚

▲ 爱斯基摩人的生活。

的泥炭和黏土。当他们外出狩猎时，用条形冰块围成螺旋式的圆形小屋，再用散雪把冰块的缝隙填满，便成了一座简易的"暖房"。

只是到了今天，随着社会的进步，现代文明才以政府的行为注入到爱斯基摩人的生活中，他们有了宽敞明亮的住宅，电化教育系统，以及先进的公共设施等。但他们依然保持着传统的生活方式，用自己的语言教育子孙，以单纯而浓烈的民族方式，延续具有北极特色的历史。

编 辑 说 明

　　本书所配插图主要系编辑所加，其中大部分取得了版权所有者的授权。由于时间紧急，个别图片尚未联系到版权人，敬请图片作者与北京大学出版社联系。联系电话（010）62767857。